Joachim Kleest, Egon Reuter

Netzzugang im liberalisierten Strommarkt

WIRTSCHAFTSWISSENSCHAFT

Joachim Kleest, Egon Reuter

Netzzugang im liberalisierten Strommarkt

Deutscher Universitäts-Verlag

Die Deutsche Bibliothek – CIP-Einheitsaufnahme
Ein Titeldatensatz für diese Publikation ist bei
Der Deutschen Bibliothek erhältlich

1. Auflage September 2002

Alle Rechte vorbehalten
© Deutscher Universitäts-Verlag GmbH, Wiesbaden, 2002

Lektorat: Ute Wrasmann / Anita Wilke

Der Deutsche Universitäts-Verlag ist ein Unternehmen der
Fachverlagsgruppe BertelsmannSpringer.
www.duv.de

Umschlaggestaltung: Regine Zimmer, Dipl.-Designerin, Frankfurt/Main
Gedruckt auf säurefreiem und chlorfrei gebleichtem Papier
ISBN-13: 978-3-8244-0659-3   e-ISBN-13: 978-3-322-81065-6
DOI: 10.1007/978-3-322-81065-6

Vorwort

Mit der „Einheitlichen Europäischen Akte" von 1987, dem EG-Binnenmarkt von 1997 und der Neuordnung des Energiewirtschaftsrechts von 1998 begann die Liberalisierung der Strommärkte.

Moderne Handelskonzepte schaffen den Wettbewerb in der Stromwirtschaft. Voraussetzung ist eine faire, diskriminierungsfreie und partnerschaftliche Netznutzung mit den dazugehörigen Übertragungsdienstleistungen.

Für die Netznutzung hat das Energiewirtschaftsrecht 1998 den verhandelten Netzzugang gewählt.

Die Netzbetreiber und die Netznutzer haben sich ab 1998 auf verhandelte Verbändevereinbarungen geeinigt. Nach Veränderungen der ersten Vereinbarungen sind Aussagen über die Zukunft des verhandelten Netzzuganges möglich.

Die Europäische Kommission hält eine Regulierungsbehörde zur Festlegung von Entgelten für den Netzzugang für wirksamer. Dieser Auffassung haben sich alle anderen EU-Länder angeschlossen.

Die Arbeit diskutiert die bisherigen Ergebnisse des verhandelten Netzzugangs in der BRD und schätzt die Chancen dieses Weges im liberalisierten Markt für die Netznutzung ab. Die historische Entwicklung des Wettbewerbs im Strommarkt ab 1949 wird umfassend beschrieben.

J.Kleest
E. Reuter

Inhaltsverzeichnis

Vorwort v

Abkürzungsverzeichnis xi

Abbildungsverzeichnis xiii

1 Rechtliche Vorgaben 1
  1.1 EnWG von 1935 und dessen Neuordnung 1998 1
     1.1.1 Ausgangssituation 1949 1
     1.1.2 Entstehung des EnWG 2
     1.1.3 Energiewirtschaftsgesetz von 1935 3
     1.1.4 Verordnung zur Durchführung des EnWG 4
     1.1.5 Neuordnung des EnWG 1998 5
  1.2 Gesetz gegen Wettbewerbsbeschränkungen 9
     1.2.1 Ziele des GWB 9
     1.2.2 Grundlegende Paragraphen des GWB 9
     1.2.3 Freistellung der ElektrWirt. v. GWB 10
     1.2.4 Novellen des GWB 11
     1.2.5 Amtliche Verlautbarungen hinsichtlich des GWB . . 12
  1.3 Europäische Rechtsvorgaben von 1957 bis 2001 13
     1.3.1 Grundlagen einer europäischen Energiepolitik 13
     1.3.2 EWG-Vertrag 14
     1.3.3 Die Einheitliche Europäische Akte von 1987 14
     1.3.4 EU-Binnenmarktrichtlinie von 1997 15
     1.3.5 Vorschlag einer neuen Binnenmarktrichtlinie von 2001 18

2 Entwicklung des Netzzuganges in der BRD nach 1950 21
  2.1 Lokale EVU 21
     2.1.1 Daseinsvorsorge 23
     2.1.2 Zielvorgaben der EVU 24
     2.1.3 Querverbund 25
     2.1.4 Wegemonopol 26

2.1.5   Konzessionsverträge 27
2.1.6   Rechtliche Grundlagen der Konzessionsverträge . . . 29
2.2   Regionale EVU 31
2.3   Interregionale EVU 33
2.3.1   Aufgaben der Verbundunternehmen 34
2.4   Privatwirtschaftliche Stromerzeugung 37
2.5   Durchleitung 39

3   Verhandelter Netzzugang   45
3.1   Realisierung des verhandelten Netzzugangs 45
3.2   Verbändevereinbarung I 46
3.2.1   Inhalt der Verbändevereinbarung I 46
3.2.2   Grundlegende Eigenschaften der VV I 50
3.3   Verbändevereinbarung II 51
3.3.1   Neuerungen der Verbändevereinbarung II 51
3.3.2   Grundlegende Eigenschaften der VV II 58
3.4   Verbändevereinbarung II plus 59
3.4.1   Neuerungen der Verbändevereinbarung II plus . . . 60
3.4.2   Grundlegende Eigenschaften der VV II plus 64
3.5   Sonderweg des VNZ für ÜN und VN 67
3.5.1   Differenzierte Betrachtung durch die VV I 68
3.5.2   Differenzierte Betrachtung durch die VV II 69
3.5.3   Differenzierte Betrachtung durch die VV II plus . . 70
3.6   Technische Regelungen 70
3.6.1   Grid-Code 2000 für das ÜN 71
3.6.2   Distribution-Code für das VN 74
3.7   Eingriffsmöglichkeiten der Kartellbehörden 77
3.7.1   Missbrauchstatbestände 77
3.7.2   Verfügungsrechte der Kartellbehörden 81
3.8   Praktizierung des VNZ und des RNZ 82

4   Regulierter Netzzugang   87
4.1   Aufgaben einer Regulierungsbehörde 87
4.2   Übertragungsnetz 89
4.3   Verteilernetz 90
4.4   Regelungen für Übertragungs- und Verteilernetze 92
4.5   Grenzüberschreitende Netze 92

5 Diskussion 97

Abbildungsquellenverzeichnis 99

Literaturverzeichnis 101

Abkürzungsverzeichnis

a.a.O.	am angegebenen Ort
Abb.	Abbildung
Abs.	Absatz
ARE	Arbeitsgemeinschaft regionaler EVU e.V.
Art.	Artikel
Aufl.	Auflage
BDI	Bundesverband der Deutschen Industrie e.v.
BEWAG	Berliner Elektrizitätswerke Aktiengesellschaft
BK	Bilanzkreis
BKA/BKartA	Bundeskartellamt
BKV	Bilanzkreisverantwortlicher
BMWi	Bundesministerium fur Wirtschaft und Technologie
BTO-E	(Bundestarifordnung Elektrizität)
DC	Distribution-Code
DGO	Deutsche Gemeindeordnung
DVG	Deutsche Verbundgesellschaft e.V.
EEX	European Energy Exchange
EG	Europäische Gemeinschaft
EnBW	Energie Baden-Württemberg
EnWG	Energiewirtschaftsgesetz
ETSO	Association of European Transmission System Operators
EU	Europäische Union
EVU	Energieversorgungsunternehmen
EWG	Europäische Wirtschaftsgemeinschaft
FAZ	Frankfurter Allgemeine Zeitung
FTD	Financial Times Deutschland
GC	Grid-Code
GG	Grundgesetz
GWB	Gesetz gegen Wettbewerbsbeschränkungen
HS	Hochspannung
HT	Hochtarifzeit
ISO	Independent System Operator
Jg.	Jahrgang
KA	Konzessionsabgabe
kV	Kilovolt
kW	Kilowatt
KWKG	Kraft-Wärme-Kopplungs-Gesetz
MC	MeteringCode
MW	Mega Watt

Nordel	Nordic Electricity System
NS	Niederspannung
NT	Niedertarifzeit
NTPA	Negotiated Third Party Access (=VNZ)
LPX	Leipzig Power Exchange
RWE Net AG	Rheinisch Westfälische Elektrizitätswerke Net AG
RNZ	Regulierter Netzzugang
TB	Toleranzband
T-Komponente	Transit- oder auch Transferkomponente bzw. -entgelt
TSO	Transmission System Operator
UCTE	Union pour la Coordination du Transport de l'Electricite
ÜN	Übertragungsnetz
ÜNB	Übertragungsnetzbetreiber
VDEW	Vereinigung Deutscher Elektrizitätswerke
VDN	Verband der Netzbetreiber e. V.
VEA	Bundesverband der Energieabnehmer
Vgl.	Vergleiche
VIK	Verband der industriellen Energie- und Kraftwirtschaft e.V.
VKU	Verband kommunaler Unternehmen e.V.
VN	Verteilernetz
VNB	Verteilernetzbetreiber
VNZ	Verhandelter Netzzugang
VV	Verbändevereinbarung
WiWo	Wirtschaftswoche

Abbildungsverzeichnis

1.1 Grad der Marktöffnung innerhalb der EU 17
1.2 Leistungsaustausch der BRD mit der EU 20

2.1 Schema des deutschen Elektrizitätsmarktes 22
2.2 Entwicklung der Stromkreislängen von 1955 bis 2000 34
2.3 Deutsches Verbundnetz 2001 35

3.1 Feststellung von Bilanzkreisabweichungen durch die ÜNB . 54
3.2 Regelzonen der acht ÜNB 56
3.3 Regelzonen der sechs ÜNB 65
3.4 Bandbreite der Netznutzungsentgelte 67

4.1 Strompreisvergleich in der EU 94
4.2 Leistungsflüsse innerhalb der EU 95

1 Rechtliche Vorgaben

Die Politik legte seit jeher großen Wert auf die Einflussnahme des Staates bei der Elektrizitätsversorgung und schaffte durch die Gesetzgebung eine große Anzahl von ordnungspolitischen Ausnahmebereichen. Als Begründung werden vielfach die Besonderheiten des Marktes für elektrische Energie hervorgehoben:[1]

- Der elektrische Strom lässt sich nicht speichern, so dass ein Angebot aus Lagerbeständen unmöglich ist.

- Die elektrische Energie benötigt zur Weiterleitung ein eigenes Transportsystem.

- Der Einsatz von Elektrizität bedarf eines Energiewandlers.

- Die elektrische Energie lässt sich nur in wenigen Bereichen substituieren, so vor allem im Wärmebereich.

Deshalb soll in den folgenden Abschnitten auf die rechtlichen Vorgaben eingegangen werden, welche einen eminenten Einfluss auf die Entwicklung der Elektrizitätswirtschaft in der Bundesrepublik nach 1949 hatten.

1.1 EnWG von 1935 und dessen Neuordnung 1998

1.1.1 Ausgangssituation 1949

Die herausragende Bedeutung der öffentlichen Hand innerhalb der Elektrizitätswirtschaft beruht auf der Tatsache, dass die öffentliche Hand im Besitz der öffentlichen Straßen und Wege war, die für den Bau der Transportleitungen für die Stromversorgung benötigt wurden. Deshalb kam ihr

---

[1] Gröner, Helmut, a. a. O., S. 25

eine Monopolstellung zu, welche sie schon früh ausnutzte, um sich Konzessionsabgaben zu sichern und den Vertragspartnern dafür ein Versorgungsmonopol zu garantieren. In der Zeit bis zur Gründung der Bundesrepublik Deutschland baute die öffentliche Hand ihre beherrschende Stellung weiter aus und so wurden 1949 von privaten Unternehmen nur 3 Prozent der Endverbraucher versorgt. Somit wurde fast der gesamte Strombedarf durch die öffentlichen als auch die gemischtwirtschaftlichen Unternehmen gedeckt. Hierbei sind die öffentlichen Unternehmen so definiert, dass sie zu über 95 Prozent und die gemischtwirtschaftlichen Unternehmen zu mehr als 50 Prozent aber weniger als 95 Prozent in öffentlicher Hand sind.[2] Auch die Übernahme (nur mit Veränderungen hinsichtlich der zuständigen Behörden) des Gesetzes zur Förderung der Elektrizitätswirtschaft vom 13. Dezember 1935 in geltendes Recht für die Bundesrepublik Deutschland am 23. Mai 1949 festigte weiterhin die Position der öffentlichen Hand.

1.1.2 Entstehung des EnWG

Zur Verdeutlichung der Auswirkungen dieses Gesetzes muss man die Zielvorstellungen betrachten, die dem Gesetz vorausgegangen sind. Hierzu eignet sich das am 1. Oktober 1933 dem Reichswirtschaftsminister vorgelegte Gutachten „zur Förderung des Gemeinnutzens", welches fünf wesentliche Zielsetzungen enthält:[3]

1. Förderung der Verbundwirtschaft und Schaffung der Möglichkeit einer gesetzlichen Grundlage, um „zur Vermeidung unwirtschaftlicher Vergeudung von Volksvermögen" entsprechende Bauten verbieten zu können,

2. Gleichmäßige steuerliche Behandlung aller Energieversorgungsunternehmen (EVU) und das Recht des Staates, die Befugnis zur Benutzung von Wegen und anderem Grundeigentum verleihen zu können,

3. Bei Bildung von Höchstpreisen im sozialen Interesse des Kleinstabnehmers und bei Offenlegung aller Tarife: Abschaffung der Konzessionsabgaben,

4. Verbrauchsfördernde Tarifgestaltung auch als Mittel zur Bekämpfung der Arbeitslosigkeit,

---

[2]   Ordo-Jahrbuch 1965, a. a. O., S. 341
[3]   Zeitschrift der VDEW v. 20.01.1964, Heft 2, a. a. O., S. 63

5. Schaffung der Möglichkeit eines gesetzlichen Eingreifens und Mit-
wirkung der Behörden bei der Koordinierung von Maßnahmen in
verschiedenen Gebieten.

1.1.3 Energiewirtschaftsgesetz von 1935

Wie man eindeutig erkennen kann, war die Zielsetzung eine vollkommene Kontrolle der Elektrizitätswirtschaft durch den Staat. Innerhalb der
folgenden zwei Jahre kam es dann zur Umsetzung in ein Gesetz, wobei allerdings nicht alle Aspekte des Gutachtens von 1933 eingebracht wurden.
Das Gesetz zur Förderung der Elektrizitätswirtschaft (EnWG) trat dann
am 23. Dezember 1935 in Kraft. Die wesentlichen Inhalte des Gesetzes und
deren Zielsetzung sollen im Folgenden erläutert werden. Bereits der Auszug
„... notwendigen öffentlichen Einfluss in allen Angelegenheiten der Energieversorgung zu sichern, volkswirtschaftlich schädliche Auswirkungen des
Wettbewerbs zu verhindern..."[4] aus der Präambel macht deutlich, dass
die Elektrizitätswirtschaft eine Sonderstellung einnimmt und unter erheblichen staatlichen Einfluss steht. Mit der Zielsetzung „die Energieversorgung
so sicher und billig wie möglich zu gestalten"[5].

Durch die § 1 und §2 werden alle Energieversorgungsunternehmen unabhängig von der Rechtsform und den Eigentumsverhältnissen unter Staats-
aufsicht gestellt. Bereits diese Bestimmungen machen deutlich, dass die ge-
wollte Marktstruktur nicht im freien Wettbewerb der Unternehmen liegen
wird, sondern durch eine wettbewerbsbeschränkende staatliche Lenkung
erzielt werden soll. Zum Verständnis der Zielsetzung der § 3 bis § 5 muss
man folgende Branchenbesonderheiten berücksichtigen:

• Vertikale Integration von Stromerzeugung, -lieferung und -transport

• Leitungsgebundenheit

• Mangelnde Speicherfähigkeit

• Hohe Kapitalintensität

Aufgrund dieser Besonderheiten musste die Elektrizitätswirtschaft in Versorgungsgebiete aufgeteilt werden, um Fehlinvestitionen aufgrund der Leitungsgebundenheit zu verhindern und ausreichende Absatzmöglichkeiten
zu schaffen.[6] Hierfür sollte zum einen der § 3 dienen, der dem Staat jegli-
ches Auskunftsrecht gegenüber den Elektrizitätsversorgungsunternehmen

---

4   Energiewirtschaftsgesetz 19.12.1935
5   ebenda
6   Gröner, Helmut, a. a. O., S. 327

(EVU) gewährt. Der § 4 beinhaltet eine Anzeigepflicht der Unternehmen gegenüber dem Staat, sofern sie Investitionen bzw. Desinvestitionen in ihre Anlagen tätigen wollen. Außerdem bedürfen diese der staatlichen Genehmigung. Gemäß § 5 muss jedes Unternehmen, welches die „Versorgung anderer mit Energie"[7] aufnimmt, dies genehmigen lassen. Nach Absatz 2 des § 5 müssen Unternehmen die eine Energieanlage zur Eigenversorgung errichten dies dem EVU, innerhalb dessen Versorgungsgebiet die Anlage betrieben wird, mitteilen. Durch den § 6 soll eine allgemeine Anschluss- und Versorgungspflicht innerhalb des Versorgungsgebietes eines EVU gewährleistet werden. Hinzu kommt, dass die Versorgung zu allgemeinen Bedingungen und Tarifpreisen erfolgen soll, wobei diese öffentlich bekannt zu geben sind. Die Versorgungs- und Anschlusspflicht besteht allerdings nicht, wenn dies dem EVU „aus wirtschaftlichen Gründen, ... nicht zugemutet werden kann"[8]. Die Pflichten, die sich durch den § 6 für die EVU ergeben, sollen sichern, dass innerhalb des Versorgungsgebietes eines EVU alle Gebiete zu den gleichen Konditionen mit Strom versorgt werden und keine Unterscheidung z. B. hinsichtlich der Bevölkerungsdichte gemacht wird. Außerdem wird auch implizit deutlich, dass kein Wettbewerb zwischen den EVU vorgesehen ist, da es als Voraussetzung angesehen wird, dass die EVU ein bestimmtes Gebiet versorgen.

Der § 7 erlaubt dem Staat die vollständige Kontrolle über die Tarifpreise der EVU als auch der Einkaufspreise der Energieverteiler. Zudem kann der Staat „die Bestimmungen der Verträge einheitlich gestalten"[9]. Hieraus folgt das vollständige Kontrollrecht des Staates hinsichtlich der Verträge die von den EVU mit ihren Abnehmern geschlossen werden.

1.1.4 Verordnung zur Durchführung des EnWG

Nachdem in Kraft treten des EnWG 1935 ist noch die 5. Verordnung zur Durchführung des Gesetzes zur Förderung der Elektrizitätswirtschaft von Bedeutung. Der § 3 und § 4 dieser Verordnung definieren die Begriffe Reserve- und Zusatzversorgung. Die „... Reserveversorgung liegt vor, wenn ein laufend durch Eigenanlagen gedeckter Energiebedarf bei Ausfall der Eigenanlage vorübergehend durch ein EVU befriedigt wird"[10]. Man spricht von Zusatzversorgung, „...wenn der Energiebedarf eines Abnehmers regelmäßig zum einen Teil durch Eigenanlagen und zum anderen Teil durch

---

[7]   Energiewirtschaftsgesetz 19.12.1977
[8]   ebenda
[9]   ebenda
[10] ebenda

ein EVU befriedigt wird"[11]. Weiterhin wird in § 5 bezüglich der Reserveversorgung festgelegt, dass die EVU einen Leistungspreis ansetzen können, der die mögliche „Inbetriebnahme sämtlicher an das Leitungsnetz des EVU angeschlossenen Reserveanschlüsse"[12] umfasst. Dies hat in praxi zur Folge, dass Unternehmen mit Eigenanlagen und dem Wunsch nach Reserveversorgung mit erheblichen Kosten rechnen müssen, da das EVU eine ständige Kapazitätsbevorratung für einen Gesamtausfall der Eigenanlagen unterstellt. Die Ausführungen hinsichtlich der Zusatzversorgung nach § 6 zeigen § 7 verschiedene Tatbestände auf, wobei die in § 6 Absatz 1 Ziffer 1 bis 5 beschriebenen Bedingungen nicht als Zusatzversorgung zu bezeichnen sind, da sie eine vollkommene Trennung der Eigenanlagen von denen der EVU voraussetzen.[13]

In Anbetracht der bisherigen Ausführungen wird deutlich, dass durch das EnWG ein Wettbewerb zwischen den EVU kaum möglich ist bzw. auch nicht gewollt ist. Dies gilt ebenfalls für die BRD, die das Gesetz 1949 übernommen hat, wenn auch es den wirtschaftlichen Prinzipien einer marktwirtschaftlichen Ordnung zuwider läuft.

Innerhalb der Zeitspanne von 1949 bis 1998 kam es zu keiner weiteren Veränderung des EnWG, da die Forderung nach einer Neufassung stets damit abgetan wurde, dass die BRD innerhalb Europas, welches sich immer stärker annäherte, keinen Alleingang machen darf, sondern im Einvernehmen mit den europäischen Partnern handeln muss.[14] Allerdings wurden in der Zwischenzeit mehrere einzelstaatliche als auch gesamteuropäische Entscheidungen getroffen bzw. Gesetze beschlossen, die eminent für die Elektrizitätswirtschaft waren.

1.1.5 Neuordnung des EnWG 1998

Der neue Ordnungsrahmen

Aufgrund der Entscheidungen, die 1987 mit der Unterzeichnung der Einheitlichen Europäischen Akte innerhalb der Europäischen Union getroffen worden sind, auf die noch im Kapitel 1 Abschnitt 1.3 eingegangen wird, war es notwendig das Elektrizitätswirtschaftsgesetz zu ändern. Am 29. April 1998 ist das Gesetz zur Neuregelung des Elektrizitätswirtschaftsrechts in Kraft getreten.

---

[11]   ebenda
[12]   ebenda
[13]   Gröner, Helmut, a. a. O., S. 362
[14]   VIK 50 Jahre in Dienste der dt. Industrie, a. a. O., S. 12

Die Eckpunkte der Energierechtsnovelle

Die Stromversorgung in Deutschland war bisher durch das Prinzip der geschlossenen Versorgungsgebiete geprägt. Mit dem Prinzip ist die Zuweisung bestimmter Versorgungsgebiete an jeweils ein bestimmtes EVU gemeint. Hierdurch wird ein Wettbewerb ausgeschlossen, da die EVU innerhalb eines Versorgungsgebietes eine Monopolstellung einnehmen. Die geschlossenen Versorgungsgebiete wurden durch Konzessionsverträge und Demarkationsverträge gesichert. Gemäß § 103 Abs. 1 des Gesetzes gegen Wettbewerbsbeschränkungen (GWB) waren diese Verträge vom Kartellverbot freigestellt. Das Gesetz zur Neuregelung des Elektrizitätswirtschaftsrechts hat die kartellrechtliche Freistellung von Demarkationsverträgen und ausschließlichen Konzessionsverträgen aufgehoben. Dadurch wird der Bau paralleler und zusätzlicher Versorgungsleitungen durch Dritte ermöglicht. Die Netzbetreiber sind verpflichtet, fremden Stromerzeugern und -händlern die Nutzung ihrer Netze via Durchleitung zu gestatten. Ziel dieser Regelung ist es, den generellen Wettbewerb um Einzelkunden zu ermöglichen.[15] Als Konsequenz der Aufhebung der Monopolstrukturen wurden die Aufsichts- und Eingriffsrechte des Elektrizitätswirtschaftsgesetzes (EnWG) vermindert und in der Regel auf den Bereich der Versorgung von Tarifkunden beschränkt. Die kartellrechtliche Missbrauchsaufsicht besteht daneben unberührt fort.[16]

Zugang zum Stromnetz

Die Durchleitung von Strom ist ein wesentliches Element des Netzzuganges. Die Durchleitung liegt dann vor, wenn elektrische Energie von einem Grundstück über fremdes - privates oder öffentliches - Gelände zu einem anderen Grundstück übertragen wird, und zwar über Versorgungsanlagen, die im Eigentum eines Dritten, z. B. eines EVU, stehen. Eine Durchleitung im eigentlichen Sinne liegt nur vor, wenn sie unter Berücksichtigung der Übertragungsverluste leistungsgleich ist, wenn also in jedem Augenblick die gleiche Leistung in das Netz eingespeist und an anderer Stelle entnommen wird.[17] Das EnWG hat das Modell des verhandelten Netzzugangs gewählt. Während nach altem Recht ein Durchleitungsbegehren nur im Rahmen der kartellrechtlichen Missbrauchsaufsicht durchsetzbar war, soll im neuen Ordnungsrahmen nach dem Willen des Gesetzgebers die Durchleitung der Regelfall sein. Der Netzbetreiber darf die Netznutzung

---

[15]   Vereinigung deutscher Elektrizitätswerke
[16]   ebenda
[17]   VIK, Stellungnahmen der VIK, a. a. O., S. 41

durch einen dritten Lieferanten im Einzelfall nur dann verweigern, wenn
ihm die Durchleitung aus betriebsbedingten oder sonstigen Gründen nicht
möglich oder nicht zumutbar ist. Die Gründe hierfür muss der Netzbetreiber beweisen und schriftlich begründen.[18] Der Netzbetreiber hat dabei
das Netz zu Bedingungen und Preisen zur Verfügung zu stellen, die nicht
ungünstiger sind, als sie von ihm in vergleichbaren Fällen für Leistungen
innerhalb seines Unternehmens oder gegenüber verbundenen oder assoziierten Unternehmen tatsächlich oder kalkulatorisch in Rechnung gestellt
werden. Es gilt für die Netznutzung also ein strenges elektrizitätswirt-
schaftliches Diskriminierungsverbot.[19] Das Bundesministerium für Wirtschaft (BMWi) hat von seiner Ermächtigung in § 6 Abs. 2 EnWG, die
Gestaltung der Durchleitungsverträge und die Kriterien zur Bestimmung
von Durchleitungsentgelten festzulegen, keinen Gebrauch gemacht, sondern diese Aufgabe den beteiligten Marktpartnern übertragen. Das sollte
die Möglichkeit bieten, das hier vorhandene Fachwissen optimal zu nutzen
und die Regelungen des Netzzugangs einer unbürokratischen, flexiblen und
damit marktkonformen Lösung zuzuführen. Der Bundesverband der Deutschen Industrie (BDI), die Vereinigung der Industriellen Kraftwirtschaft
(VIK) und die Vereinigung Deutscher Elektrizitätswerke (VDEW) hatten
mit der „Verbändevereinbarung über Kriterien zur Bestimmung von Durchleitungsentgelten" vom 22. Mai 1998 ein Preisfindungssystem entwickelt,
das einen diskriminierungsfreien Zugang zu den Elektrizitätsnetzen für alle
Unternehmen gewährleisten sollte.[20]

Alleinabnehmerstatus

Für die Versorgungsunternehmen, die Letztverbraucher versorgen, besteht
die (befristete) Möglichkeit, durch behördliche Bewilligung den Status eines Alleinabnehmers zu erhalten (Netzzugangsalternative). Der Alleinabnehmer versorgt zwar weiterhin alle Kunden in seinem Versorgungsgebiet,
ist jedoch verpflichtet, Elektrizität von Stromanbietern abzunehmen, die
ein Kunde seines Gebietes bei diesem Dritten gekauft hat. Eine Vergü-
tungspflicht zwingt den Alleinabnehmer, an seinen Kunden den Preisvor-
teil weiterzureichen, den dieser bei dem konkurrierenden Stromanbieter
aushandeln konnte. Für die Nutzung seines Netzes erhält der Alleinabnehmer ein Entgelt. Ist im Einzelfall die Abnahme nicht möglich oder
nicht zumutbar, trifft den Alleinabnehmer hierfür die Darlegungs- und Be-

---

[18]   Vereinigung deutscher Elektrizitätswerke
[19]   ebenda
[20]   ebenda

gründungspflicht.[21] Von der Netzzugangsalternative haben bisher über 100 kommunale Unternehmen Gebrauch gemacht. Die Festlegung der Netznutzungsentgelte erfolgt per Tarifgenehmigung durch die zuständige Landesenergieaufsicht. Dabei wurde die Verbändevereinbarung als Basis für die Kalkulation dieser Tarife empfohlen.[22]

Anschluss- und Versorgungspflicht

Die Stromversorger waren schon vor Novellierung des Elektrizitätswirtschaftsrechts verpflichtet, in ihrem Versorgungsgebiet jedermann zu allgemeinen Bedingungen und allgemeinen Tarifen an das Stromnetz anzuschließen und zu versorgen. Auch im neuen Ordnungsrahmen bleibt die allgemeine Anschluss- und Versorgungspflicht, einschließlich der Preisaufsicht über die allgemeinen Tarife, erhalten. Dabei sind unterschiedliche allgemeine Tarife eines Unternehmens für verschiedene Gemeindegebiete nur im Ausnahmefall zulässig, eine Regelung, die in gewissem Widerspruch zu der von der Energierechtsnovelle angestrebten Liberalisierung und Marktöffnung durch Aufhebung geschlossener Versorgungsgebiete steht. Lässt sich ein bisheriger Tarifkunde im Rahmen einer Wettbewerbsversorgung von einem Dritten beliefern, verzichtet er für die Dauer dieses Liefervertrages auf seinen Anspruch gegenüber dem allgemeinen Versorger. Dieser Anspruch kann jedoch wieder aufleben, wenn der Vertrag mit dem Dritten endet.[23]

Europäische Vorgaben

Ziel der Richtlinien ist die Verwirklichung des europäischen Energiebinnenmarkts durch Einführung von Wettbewerb für alle Wertschöpfungsstufen der Elektrizitätswirtschaft. Das Gesetz zur Neuregelung des Elektrizitätswirtschaftsrechts setzt die Vorgaben der Binnenmarkt-Richtlinie „Elektrizität" fristgerecht und in vollem Umfang um. Das Gesetz geht noch darüber hinaus, indem die Möglichkeit zu einer gestuften Marktöffnung nicht genutzt, sondern sofort der Wettbewerb um alle Kunden, einschließlich der Tarifkunden, eröffnet wird.[24] Neben Deutschland haben auch Großbritannien und die skandinavischen Länder ihren Strommarkt zu hundert Prozent geöffnet. Andere europäische Länder werden dagegen den Wettbewerb auf ihren nationalen Märkten nur nach den in der Richtlinie ge-

---

21   ebenda
22   ebenda
23   ebenda
24   ebenda

nannten Mindestöffnungsquoten zulassen. Um Wettbewerbsverzerrungen zu vermeiden, enthält das neue EnWG eine Schutzklausel. Danach kann der Netzbetreiber die Durchleitung von Elektrizität aus dem Ausland verweigern, wenn ein vergleichbarer Kunde in dem betreffenden Land nicht zum Wettbewerb zugelassen ist.[25]

1.2 Gesetz gegen Wettbewerbsbeschränkungen

1.2.1 Ziele des GWB

Für die Elektrizitätswirtschaft ist neben dem EnWG, das am 27. Juli 1957 in Kraft getretene Gesetz gegen Wettbewerbsbeschränkungen von Bedeutung. Grundsätzlich will das GWB die „Freiheit des Wettbewerbs sicherstellen und die wirtschaftliche Macht da beseitigen, wo sie den Wettbewerb beeinträchtigt und die bestmögliche Versorgung in Frage stellt."[26] Demnach „stellt das GWB eine der wichtigsten Grundlagen zur Förderung und Erhaltung der Marktwirtschaft dar"[27].

1.2.2 Grundlegende Paragraphen des GWB

Für die Elektrizitätswirtschaft von Bedeutung sind die § 1, § 15, § 18, § 22, § 26, § 103 und § 104 auf die im Folgenden eingegangen werden soll. Durch den § 1 wird die „Unwirksamkeit von Kartellverträgen und -beschlüssen"[28] bestimmt und stellt somit ein generelles Verbot von Verträgen oder Beschlüssen dar, die den Wettbewerb beschränken. Der § 15 beinhaltet ein „Verbot vertikaler Preis- und Geschäftsbedingungen"[29] und in § 18 werden Regelungen von Bindungsvereinbarungen durch das GWB ausgeschlossen, sofern diese den Wettbewerb wesentlich beeinträchtigen. Mit dem § 22 wird eine Missbrauchsaufsicht über marktbeherrschende Unternehmen ermöglicht. Mit Hilfe des § 26 soll ein Boykott bzw. Diskriminierung von Unternehmen durch andere Unternehmen verhindert werden.

---

[25] ebenda
[26] VIK. Aus der Chronik der westdt. Energiewirtschaft nach 1945, a. a. O., S. 12
[27] ebenda
[28] Gesetz gegen Wettbewerbsbeschränkungen 20.02.1990
[29] Gesetz gegen Wettbewerbsbeschränkungen 20.02.1990

1.2.3 Freistellung der Elektrizitätswirtschaft vom GWB

In Hinblick auf die Ausführungen bezüglich des EnWG erkennt man, dass
durch die Bestimmungen des EnWG ein Konflikt mit dem GWB unvermeidbar ist. Allerdings wurden deshalb durch den § 103 bestimmte Vertragstypen der Elektrizitätswirtschaft von den vorgenannten Paragraphen
ausgenommen. Die sind im Einzelnen:[30]

1. Demarkationsverträge(§ 103 Absatz 1 Nr. 1):

   a) So genannte A-Verträge: Hierunter sind Energielieferungsver-
      träge zwischen zwei Versorgungsunternehmen zu verstehen, die
      einseitige oder gegenseitige Demarkationsvereinbarungen ent-
      halten. In vielen Fällen werden sie durch Grenzmengenabkom-
      men, Errichtungs-, Erweiterungs- und Stilllegungsverbote er-
      gänzt.

   b) Selbständige Demarkationsverträge: Ihr wesentlicher Inhalt
      sind Gebietsabsprachen zwischen Versorgungsunternehmen.

2. Konzessions- oder so genannte B-Verträge (§ 103 Absatz 1 Nr. 2):
   Diese Verträge werden zwischen einem Versorgungsunternehmen und
   einer Gebietskörperschaft geschlossen und beruhen auf dem Wegeei-
   gentum. Die Gebietskörperschaft verpflichtet sich, ausschließlich dem
   begünstigten Unternehmen zu gestatten, ihre Wege für Leitungsnetze zu benutzen und selbst die Versorgung zu unterlassen.

3. Verbund-Verträge (§ 103 Absatz 1 Nr. 4): In diesen Verträgen
   verpflichten sich die beteiligten Versorgungsunternehmen, eine bestimmte Versorgungsleitung ausschließlich einem oder mehreren Versorgungsunternehmen für die öffentliche Versorgung zur Verfügung
   zu stellen.

4. Preisbindungs-Verträge (§ 103 Absatz 1 Nr. 3): Aufgrund dieser Verträge verpflichten sich die Stromhändler, ihre Abnehmer nicht zu
   ungünstigeren Preisen oder Bedingungen zu beliefern, als sie das zu-
   liefernde Unternehmen seinen vergleichbaren Abnehmern gewährt.

Der § 104 regelte dann die Rechte und Pflichten der Kartellbehörde, die
sich ergaben, wenn ein Energieversorgungsunternehmen wettbewerbsbeschränkende Verträge nach § 103 abschließen wollte.

---

[30]   Ordo-Jahrbuch 1965, a. a. O., S. 399

1.2.4 Novellen des GWB

Die Entwurfsphase des GWB hat einen Zeitraum von sieben Jahren in Anspruch genommen. Die Vereinigung industrieller Kraftwirtschaft (VIK) versuchte, während dieser Entwurfsphase, Einfluss auf das zukünftige Gesetz zu nehmen. Hierbei war es der VIK ein besonderes Anliegen, dass die unausweichliche Sonderbehandlung der EVU gemäß § 103 GWB, während der Entwurfsphase § 77 Kartellgesetzentwurf (KGE), „einer Missbrauchsaufsicht unterstehen"[31] muss. Diese Forderung fand teilweise ihre Entsprechung im § 77b KGE, im GWB entsprechend § 104, allerdings wurden keinesfalls alle geforderten Aspekte der VIK durch den Gesetzgeber übernommen. Die VIK setzte sich auch in der Zeit nach dem in Kraft treten des GWB für eine deutlich wettbewerblichere Ausgestaltung des Gesetzes ein. Der wesentlichste Aspekt war die Forderung nach der „Aufhebung der Ausnahme vom Kartellrecht, die nach § 103 GWB für Konzessions-, Demarkations- und Verbundverträge galt"[32]. Dieser Forderung wurde vom Gesetzgeber allerdings während der fünf folgenden Gesetzesnovellen nicht stattgegeben. Die erste Novelle des GWB wurde bereits am 23. Juni 1965 verabschiedet, wobei diese keine wesentlichen Auswirkungen auf die Elektrizitätswirtschaft hatte.[33] In der zweiten Gesetzesnovelle des GWB vom Juni 1973 wurde die „Vorrangstellung des GWB gegenüber dem EnWG klargestellt"[34] und „die Missbrauchsaufsicht sowie das Diskriminierungsverbot für marktbeherrschende Unternehmen neu geregelt"[35], was jedoch ohne Auswirkungen auf die Elektrizitätswirtschaft blieb. Mit der dritten Novelle des GWB kam es auch zu keinen Änderungen hinsichtlich der Elektrizitätswirtschaft.[36] Aufgrund der vierten Novelle des GWB kam es zu einer weiteren „Konkretisierung der Missbrauchsaufsicht über marktbeherrschende Unternehmen sowie neuer Vorschriften für den Ausnahmebereich der Versorgungswirtschaft"[37]. Durch die Begrenzung der Demarkations-, Konzessions- und Verbundverträge auf eine Laufzeit von nicht mehr als 20 Jahren wurde eine „Auflockerung der Gebietsstrukturen"[38] erreicht. Hiernach bedurfte eine Verlängerung der Verträge einer erneuten Zustimmung der Kartellbehörden. Diese Ergänzung wurde durch den § 103a des GWB erreicht. Die Missbrauchsaufsicht wurde dadurch kon-

---

31   Niederschrift über die 1. Sitzung des VIK-Vorstandes im Jahre 1957
32   VIK 50 Jahre im Dienste der dt. Industrie, a. a. O., S. 11
33   VIK 50 Jahre im Dienste der dt. Industrie, a. a. O., S. 17
34   ebenda
35   ebenda
36   ebenda
37   ebenda
38   ebenda

kretisiert, dass das Prinzip des „Als-ob-Wettbewerbs"[39] eingeführt wurde.
Zudem wurde das Prinzip des „Vergleichsmarktkonzeptes" verschärft und
der Sachverhalt einer unbilligen Behinderung der Eigenerzeugung durch
EVU definiert. Daneben wurde ebenfalls eine eingeschränkte Durchlei-
tungspflicht eingeführt, die eine unbillige Behinderung darin sieht, dass
sich ein EVU „weigert Verträge über die Einspeisung von Energie in sein
Versorgungsnetz und damit verbundene Entnahme (Durchleitung) zu angemessenen Bedingungen abzuschließen"[40]. Allerdings wird diese Durch-
leitungspflicht darin begrenzt, dass der Gesetzgeber der Versorgungspflicht
des EVU grundsätzlich Vorrang vor der gewünschten Durchleitung eines
„stromerzeugenden Industrieunternehmens"[41] gewährt. Somit „kam es ...
zu keiner einzigen nennenswerten Durchleitung von elektrischer Energie
über die Netze der Elektrizitätsversorgungsunternehmen"[42]. Die noch folgende fünfte Novelle des GWB konnte ebenfalls zu keiner Veränderung
der monopolistischen Ordnung der Elektrizitätswirtschaft beitragen, wenn
auch eine weitere Verbesserung der Missbrauchsaufsicht erreicht wurde, indem die so genannte Regelvermutung zur Durchleitung gestrichen wurde.
Mit der sechsten Novelle des GWB, die am 01.01.1999 in Kraft trat, kam
es zu einer Änderung des § 19, der nun den bereits erläuterten Inhalt des
ursprünglichen § 22 enthält.

1.2.5 Amtliche Verlautbarungen hinsichtlich des GWB

Neben den Gesetzesnovellen kam es noch zu drei amtlichen Verlautba-
rungen der Kartellbehörde, die in Bezug auf die Elektrizitätswirtschaft
getroffen wurden:

1. Am 13. Juli 1964 wurde in einem zur Veröffentlichung freigegebe-
   nen Schreiben der Kartellbehörde an die VIK festgestellt, dass ein
   Missbrauch nach § 22 und eine Diskriminierung nach § 26 auch dann
   vorliegt, wenn ein EVU „bei gleicher Leistungsbereitstellung, gleichen Benutzungsstunden und anderen gleichen Abnahmegegeben-
   heiten seinen Sonderabnehmern unterschiedlich hohe Rabatte einräumt, indem es Strombezieher nur deshalb schlechter stellt, weil
   sie eine Eigenerzeugungsanlage besitzen"[43]. Allerdings wurde diese

[39]   ebenda
[40]   Gesetz gegen Wettbewerbsbeschränkungen 20.02.1990
[41]   VIK 50 Jahre im Dienste der dt. Industrie, a. a. O., S. 17
[42]   ebenda
[43]   Amtliche Verlautbarung de Kartellbehörden 13.06.1964

Feststellung dahingehend eingeschränkt, dass im konkreten Einzelfall geprüft werden muss, ob nach § 22 Absatz 3 Satz 2 GWB alle Umstände berücksichtigt sind und nach § 26 Absatz 2 etwaige Rechtfertigungsgründe vorliegen.

2. Die „Vertikalentschließung" vom 10. Juni 1965 nach der ein Missbrauch eines Demarkationsvertrages vorliegt, „wenn ein örtliches EVU höhere Strompreise fordert als das Regionalunternehmen, von dem es den weiterverteilten Strom bezieht, soweit letzteres in der Lage wäre, die Versorgung seinerseits zu den günstigeren Preisen zu übernehmen"[44]

3. Eine Ausweitung der Vertikalentschließung wurde am 16./17. November 1967 von der Kartellbehörde beschlossen. Nach der so genannten „Horizontalentschließung" wurde der unter 2. aufgeführte Tatbestand auf solche Fälle ausgeweitet, bei denen die EVU „ihre Versorgungsgebiete gegeneinander abgegrenzt haben, ohne dass zwischen ihnen Lieferbeziehungen bestehen"[45].

1.3 Europäische Rechtsvorgaben von 1957 bis 2001

1.3.1 Grundlagen einer europäischen Energiepolitik

Eine gemeinsame Energiepolitik war bei der Gründung der Europäischen Union nicht vorgesehen. Dennoch haben energiepolitische Ziele im Prozess der europäischen Integration von Anfang an eine besondere Rolle gespielt. Zwei der Gründungsverträge beziehen sich direkt auf einen Energieträger: Beim EGKS-Vertrag (Europäische Gemeinschaft für Kohle und Stahl) von 1951 ist es die Kohle, beim EAG-Vertrag (Europäische Atomgemeinschaft) von 1957 die Kernenergie. Der Vertrag zur Gründung der europäischen Wirtschaftsgemeinschaft (EWG-Vertrag) von 1957 geht nicht ausdrücklich auf Energiefragen ein, doch hat gerade er für die Entwicklung des europäischen Energiesystems in den vergangenen Jahrzehnten an erheblicher Bedeutung gewonnen.

---

[44] Amtliche Verlautbarung de Kartellbehörden 10.06.1965
[45] Amtliche Verlautbarung de Kartellbehörden 16/17.11.1967

1.3.2 EWG-Vertrag

Grundsätzlich wurde bereits mit dem EWG-Vertrag eine Liberalisierung
der staatlichen Handelsmonopole gefordert. Allerdings wurden keine Fri-
sten hinsichtlich der Umsetzung der Bestimmungen in den EWG-Vertrag
aufgenommen. In diesem Zusammenhang zielt der Artikel 37 EWG auf den
freien Marktzugang, indem in Absatz 1 gefordert wird: „Die Mitgliedstaaten formen ihre staatlichen Handelsmonopole schrittweise derart um, dass
am Ende der Übergangszeit jede Diskriminierung in den Versorgungs- und
Absatzbedingungen zwischen den Angehörigen der Mitgliedstaaten ausgeschlossen ist."[46] In direktem Konflikt mit dem EnWG stehen die Regelungen der EWG hinsichtlich des Verbots wettbewerbsbehindernder Vereinbarungen oder Beschlüsse, die den „Handel zwischen den Mitgliedstaaten beeinträchtigen"[47]. Der Artikel 86 geht auf den „Missbrauch einer den Markt
beherrschenden Stellung"[48] ein und untersagt die Ausnutzung dieser Stellung, sofern der Handel zwischen den Mitgliedstaaten dadurch behindert
wird. Von erheblicher Bedeutung ist ebenfalls noch der Artikel 90, der
auf „öffentliche und monopolartige Unternehmen"[49] eingeht. Hierin wird
explizit gefordert, dass die Mitgliedstaaten „in Bezug auf öffentliche Unternehmen und auf Unternehmen, denen sie besondere oder ausschließliche
Rechte gewähren, keine diesem Vertrag ... widersprechende Maßnahmen
treffen oder beibehalten"[50]. Allerdings wird eine Ausnahmeregelung formuliert, nach der Dienstleistungen, die von allgemeinen wirtschaftlichen
Interesse sind von der oben genannten Regelung ausgeschlossen sind, sofern „die Erfüllung der ihnen übertragenen besonderen Aufgabe rechtlich
oder tatsächlich verhindert"[51] wird. Da zum Zeitpunkt der Entstehung des
EWG-Vertrages noch in allen Mitgliedstaaten eine erhebliche Anzahl von
Dienstleistungen von öffentliche Unternehmen, wie in den Bereichen Post,
Telekommunikation und Elektrizitätswirtschaft, getätigt werden, zielt die
Ausnahmeregelung nach Artikel 90 Absatz 2 auf den Schutz dieser Unter-
nehmen ab.

1.3.3 Die Einheitliche Europäische Akte von 1987

In den ersten 15 Jahren bildete die EG eine Zone raschen Wachstums
und steigenden Wohlstands. Seit Mitte der siebziger Jahre traten in zu-

---

[46]   EWG-Vertrag 22.07.1975, Artikel 37
[47]   EWG-Vertrag 22.07.1975, Artikel 85
[48]   EWG-Vertrag 22.07.1975, Artikel 86
[49]   EWG-Vertrag 22.07.1975, Artikel 90
[50]   EWG-Vertrag 22.07.1975, Artikel 90 Absatz 1
[51]   EWG-Vertrag 22.07.1975, Artikel 90 Absatz 2

nehmenden Umfang Probleme in der Weltwirtschaft auf, von denen auch die EG betroffen wurde. Diese Entwicklungen verursachten Zweifel an der Realisierbarkeit der Wirtschaftsgemeinschaft. Zur Abwendung aktueller Schwierigkeiten griffen die Mitgliedsländer deshalb wieder zu nationalen Maßnahmen. Der nächste bedeutende Schritt wurde dann erst wieder 1987 mit der Unterzeichnung der Einheitlichen Europäischen Akte getan. Ausgelöst wurde dieser „radikale ökonomische Umbau der EG"[52] durch die Vorlage des „Weißbuchs" seitens der EG-Kommission, welches die Vollendung des einheitlichen Binnenmarktes beschreibt. Die Bedeutung der Umsetzung des Weißbuchs mit der Einheitlichen Europäischen Akte liegt darin, dass ein definitives Datum, genauer der 31.12.1992, benannt wurde, bis zu dem der einheitliche Binnenmarkt umzusetzen war. Hinsichtlich des Zugangs zum Energiemarkt der Mitglieder mussten nun ebenfalls Regelungen getroffen werden. Hier ist vor allem der Aufbau von transeuropäischen Netzen zu sehen, bzw. die Möglichkeit der Mitgliedstaaten Strom grenzüberschreitend zu liefern und auch durchzuleiten. In diesem Zusammenhang sei die Richtlinie 90/547/EWG des Rates vom 29. Oktober 1990 über den Transit von Elektrizitätslieferungen über große Netze erwähnt. Allerdings befindet sich in der Richtlinie die Einschränkung, dass die Transitbedingungen mit dem Grundsatz des freien Warenverkehrs in Einklang stehen müssen und die Versorgungssicherheit und die Dienstleistungsqualität nicht gefährden dürfen. Wenn auch bereits in dieser Richtlinie von der „Verwirklichung des Binnenmarktes auf dem Gebiet der Energie und insbesondere im Elektrizitätsbereich"[53] die Rede ist, so wurde in den folgenden Jahren keineswegs ein wirklicher Binnenmarkt auf dem Energiesektor etabliert.

1.3.4 EU-Binnenmarktrichtlinie von 1997

Eine wesentliche Veränderung im Bereich der Elektrizitätswirtschaft wurde erst mit der Richtlinie 96/92/EWG des Europäischen Parlaments und des Rates vom 19. Februar 1997 erreicht. Das Ziel dieser Richtlinie bestand in der freien Durchleitung von Elektrizität sowie größeren Versorgungssicherheit und Wettbewerbsfähigkeit der europäischen Industrie. Mit der Richtlinie wurden folgende Aspekte geregelt:

1. Allgemeine Vorschriften:[54] Die Elektrizitätsunternehmen müssen nach kommerziellen Grundsätzen betrieben und hinsichtlich der

---

[52] Informationen zur politischen Bildung, Heft 213, a. a. O., S. 34
[53] Richtlinie 90/547/EWG des Rates vom 29. Oktober 1990
[54] Richtlinie 96/92/EG, KAPITEL II

Rechte und Pflichten gleich behandelt werden. Die Mitgliedstaaten
können ihnen öffentliche Dienstleistungspflichten bezüglich der Sicherheit, der Regelmäßigkeit, der Qualität und des Preises von Lieferungen auferlegen.

2. Betrieb des Übertragungsnetzes:[55] Die Mitgliedstaaten benennen
   einen Netzbetreiber, der für den Betrieb, die Wartung und den
   Ausbau des Übertragungsnetzes und der Verbindungsleitungen mit
   anderen Netzen verantwortlich ist. Dieser Netzbetreiber regelt die
   Energieübertragung im Netz unter Gewährleistung der Sicherheit,
   Zuverlässigkeit und Leistungsfähigkeit des Elektrizitätsnetzes. Die
   Mitgliedstaaten legen technische Anforderungen fest, um die Inter-
   operabilität der Netze sicherzustellen.

3. Betrieb des Verteilernetzes:[56] Die Mitgliedstaaten oder von diesen
   dazu aufgeforderte Unternehmen, die Eigentümer von Verteilernetzen sind, benennen einen Netzbetreiber, der für den Betrieb, die
   Wartung und den Ausbau des Verteilersystems und der Verbindungsleitungen mit anderen Netzen verantwortlich ist. Dieser Netzbetreiber sorgt für die Sicherheit, Zuverlässigkeit und Leistungsfähigkeit
   des Netzes. Er enthält sich jeglicher Diskriminierung gegenüber den
   Netzbenutzern.

4. Entflechtung und Transparenz der Buchführung:[57] Integrierte Elektrizitätsunternehmen führen in ihrer internen Buchführung getrennte
   Konten für ihre Erzeugungs-, Übertragungs- und Verteilungsaktivi-
   täten.

5. Netzzugang:[58]

   a) Der Zugang kann mit dem betreffenden Netzbetreiber ausge-
      handelt werden. Dieser muss Richtwerte zur Spanne der Preise
      veröffentlichen. Er kann den Netzzugang verweigern, wenn er
      nicht über die nötige Kapazität verfügt.

   b) Die Mitgliedstaaten können eine juristische Person als Alleinab-
      nehmer benennen. Dieser kann zur Stromabnahme verpflichtet
      werden. Der Alleinabnehmer kann den Netzzugang verweigern

---

[55]   Richtlinie 96/92/EG, KAPITEL IV, Richtlinie 96/92/EG
[56]   Richtlinie 96/92/EG, KAPITEL V
[57]   Richtlinie 96/92/EG
[58]   Richtlinie 96/92/EG, Kapitel VII

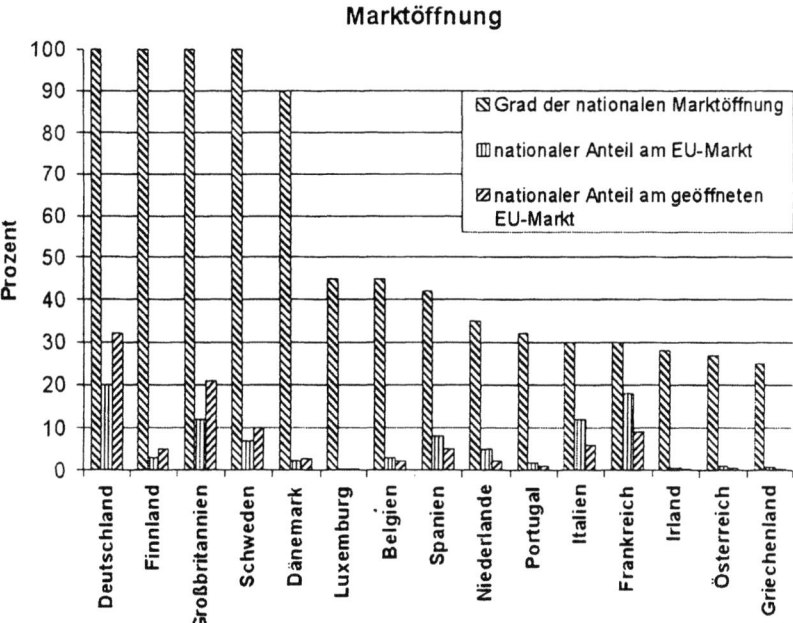

Abb. 1.1: Grad der Marktöffnung innerhalb der EU

und die Abnahme der Elektrizität von den zugelassenen Kunden ablehnen, wenn er nicht über die notwendige Übertragungs- oder Verteilungskapazität verfügt.

c) Die Richtlinie sieht eine schrittweise Öffnung der nationalen Strommärkte innerhalb von neun Jahren für solche Großverbraucher vor, welche die Voraussetzungen eines „zugelassenen Kunden" erfüllen. Das jeweilige Ausmaß der Marktöffnung berechnet sich auf der Grundlage des prozentualen Anteils industrieller Großverbraucher mit einem bestimmten Jahresverbrauch am europäischen Gesamtverbrauch: In der ersten Phase dienen die Großkunden mit einem Jahresverbrauch ab 40 Gigawattstunden (GWh) als Berechnungsgrundlage, woraus sich eine Öffnung der nationalen Märkte von etwa 23 Prozent ergibt. Nach drei Jahren wird die Schwelle auf 20 GWh und nach weiteren drei Jahren auf 9 GWh gesenkt. Dadurch erweitert sich die Marktöffnung auf ca. 27 bzw. ca. 33 Prozent. Großkunden mit einem Jahresverbrauch von über 100 GWh gelten in jedem

Fall als „zugelassene Kunden". Die übrigen Unternehmen par-
tizipieren in der Reihenfolge ihres Verbrauchs, bis die jeweils
gültige Quote der Marktöffnung erreicht ist. Es steht den Mit-
gliedsstaaten frei, ihre Strommärkte noch mehr zu öffnen, als
die EU-verbindliche Quote vorschreibt. Der aktulle Grad der
Marktöffnung in der EU ist in der Abbildung 1.1 auf Seite 17
dargestellt. Auf Wunsch der Bundesregierung, die eine weiter-
gehende vollständige nationale Liberalisierung des Strommarktes anstrebte und 1998 verwirklichte, wurde für diesen Fall eine „Anti-Ungleichgewichts-Klausel" bzw. „Reziprozitätsklausel"
aufgenommen. Sie soll sicherstellen, dass deutsche Versorgungsunternehmen Lieferungen über ihr Netz an solche Kunden ablehnen können, die im anderen Mitgliedsland nicht ebenfalls
zum Wettbewerb zugelassen wären. Nicht zulässig wäre eine
solche Ablehnung freilich dann, wenn die EU-Kommission auf
Antrag der nationalen Regierung - hier der Bundesregierung -
sowie unter Berücksichtigung von Marktsituation und Gemein-
interesse die Durchleitung ausdrücklich verfügen würde.[59]

Durch die Anwendung der Binnenmarktrichtlinie von 1997 wurde eine Liberalisierung der Elektrizitätswirtschaft endgültig eingeleitet. Allerdings
kam es noch zu erheblichen Problemen hinsichtlich der Gewährung des
Netzzugangs bzw. der Durchleitung von Strom über die Netze eines konkurrierenden Unternehmens.

1.3.5 Vorschlag einer neuen Binnenmarktrichtlinie von 2001

Aufgrund der vorgenannten Probleme wurde 2001 eine neue Binnenmarktrichtlinie erarbeitet die eine vollständige Liberalisierung gewährleisten soll.
Die wesentlichsten Punkte hinsichtlich des Netzzugangs sind die Folgenden:

1. Die vollständige Liberalisierung und damit der freie Zugang aller
   Kunden zu einem Lieferanten ihrer Wahl soll zum 1. Januar 2005
   realisiert werden.

2. Eine Entflechtung der Elektrizitätswirtschaft soll ein gewisses Min-
   destmaß des nichtdiskriminierenden Netzzugangs bei allen Mitgliedstaaten erreichen. Diese werden dahingehend definiert, dass „die

---

[59]   Strombasiswissen Nr. 2, VDEW, a. a. O., S. 2

Übertragung bzw. Fernleitung über ein Tochterunternehmen abgewickelt wird, dessen Tagesgeschäft in rechtlicher und funktioneller Hinsicht vollständig von den Tätigkeitsbereichen Produktion und Vertrieb des Mutterunternehmens getrennt ist"[60].

3. Jeder Mitgliedstaat soll eine unabhängige nationale Regulierungsbehörde einrichten, mit den Aufgaben der „Festlegung bzw. Genehmigung von Tarifen für den Zugang zu den Verteilungsnetzen"[61]. Daneben soll ebenfalls eine Festlegung von Regeln für das Management und die Zuweisung von Verbindungskapazitäten getroffen werden. Daneben kann die Regulierungsbehörde Verfahren zur Behebung von Kapazitätsengpässen einleiten.

Außerdem wurde eine Verordnung über die Netzzugangsbedingungen für den grenzüberschreitenden Stromhandel erarbeitet. Der derzeitige Leistungsaustausch der BRD mit den europäischen Nachbarn ist in der Abbildung 1.2 auf Seite 20 ersichtlich. Diese hat das Ziel „den grenzüberschreitenden Stromhandel und folglich den Wettbewerb auf dem Elektrizitätsbinnenmarkt durch einen Ausgleich für Stromtransitflüsse und durch harmonisierte Grundsätze für die Entgelte für die grenzüberschreitende Übertragung und für die Zuweisung der auf den Verbindungsleitungen zwischen nationalen Übertragungsnetzen verfügbaren Kapazitäten zu fördern"[62]. Auch hier übernehmen die nationalen Regulierungsbehörden die Kontrolle über die nationalen Entgelte und Engpassmanagementmethoden.

Die Binnenmarktrichtlinie als auch die vorgenannte Verordnung sind bisher noch nicht in geltendes EU-Recht umgesetzt worden.

---

[60] Vorschlag für eine Änderung der Richtlinie 96/92/EG, 13.03.2001, S. 5
[61] Vorschlag für eine Änderung der Richtlinie 96/92/EG, 13.03.2001, S. 8
[62] Grenzüberschreitender Stromhandel, 13.03.2001, Artikel 1

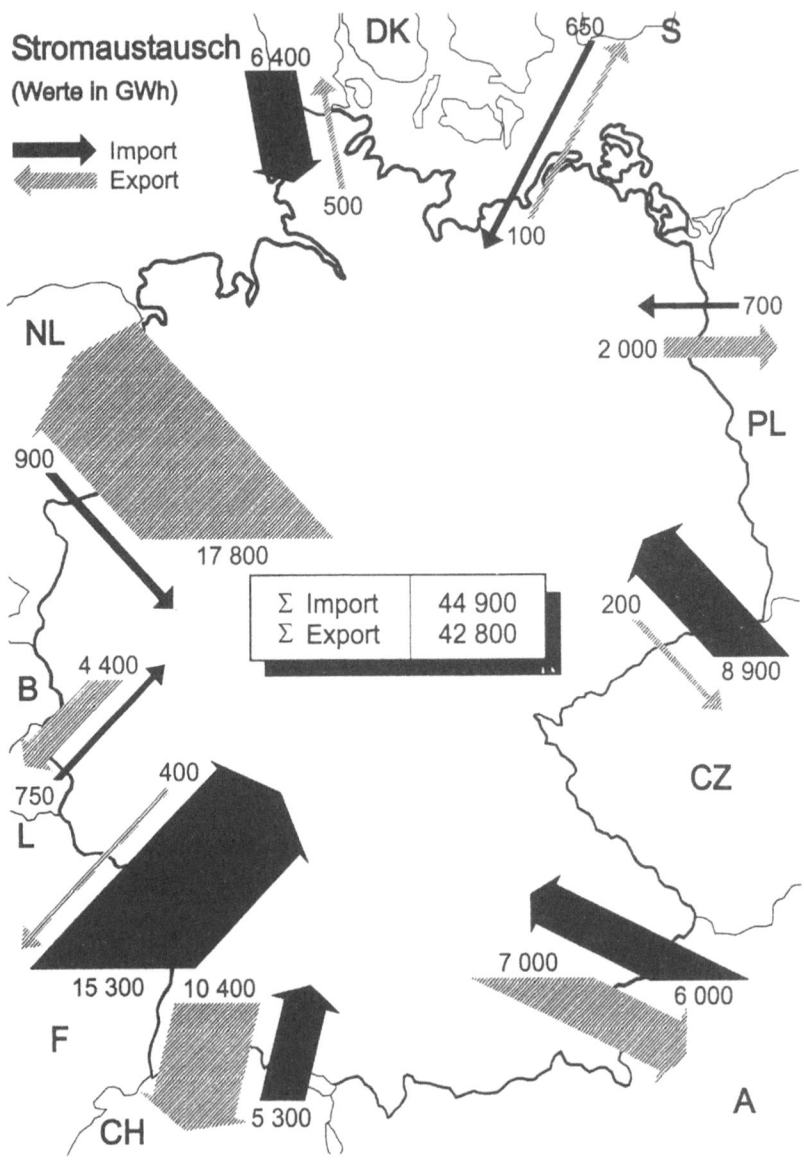

Stromaustausch (Werte in GWh)

➡ Import
⇨ Export

6 400
DK
650   S
500
100
700
2 000
NL
PL
900
17 800

| Σ Import | 44 900 |
| Σ Export | 42 800 |

200
8 900
B   4 400
CZ
750
L   400
15 300   10 400
7 000
6 000
F
CH   5 300
A

Abb. 1.2: Leistungsaustausch der BRD mit der EU

2 Entwicklung des Netzzuganges in der BRD nach 1950

Zur Betrachtung der Möglichkeiten des Netzzuganges ist es unumgänglich sich zuerst mit der allgemeinen Struktur der Elektrizitätswirtschaft zu beschäftigen. Hierbei ist es ebenfalls notwendig zu betrachten, wie sich diese Struktur ergeben hat bzw. wie diese gerechtfertigt wird. Die Elektrizitätswirtschaft in der BRD wurde von der öffentlichen Hand dominiert. Dies beruhte auf den Entwicklungen während der Weimarer Republik als auch der NS-Zeit, die ein starkes Engagement der öffentlichen Hand hervorriefen. Hierdurch erklärt sich, warum nur noch „3 Prozent der privaten Unternehmen 1950 am Stromverkauf an Endverbraucher beteiligt sind"[1], obgleich zu Beginn des 19. Jahrhunderts primär Privatunternehmen als Initiatoren im Bereich der Elektrizitätswirtschaft tätig waren. Die Macht der öffentlichen Hand und deren Verbände drückte sich ebenfalls in der Gebietsstruktur des Elektrizitätsmarktes aus. Hier hatte sich ein dreistufiger Markt gebildet (vgl. Abbildung 2.1 S. 22), der als Betätigungsfeld für die großen Verbundunternehmen die Interregionalstufe vorsah, auf der Regionalstufe waren dann die regionalen Versorgungsunternehmen angesiedelt und auf der untersten Stufe waren die lokalen Versorgungsunternehmen.[2] Im Folgenden werden die drei Stufen aufsteigend erläutert:

2.1 Lokale EVU

Auf der untersten Stufe befinden sich die lokalen Versorgungsunternehmen, die die Stromverteilung an die Endverbraucher vornehmen und teilweise über eigene Stromerzeugungsanlagen verfügen. Diese Versorgungsunternehmen sind in kommunaler Hand, obwohl die Deutsche Gemeindeordnung in § 67 klare Grenzen für das Betätigungsfeld der Kommunen setzt

---

[1]   Ordo-Jahrbuch 1965, a. a. O., S. 341
[2]   Gröner, Helmut, a. a. O., S. 28

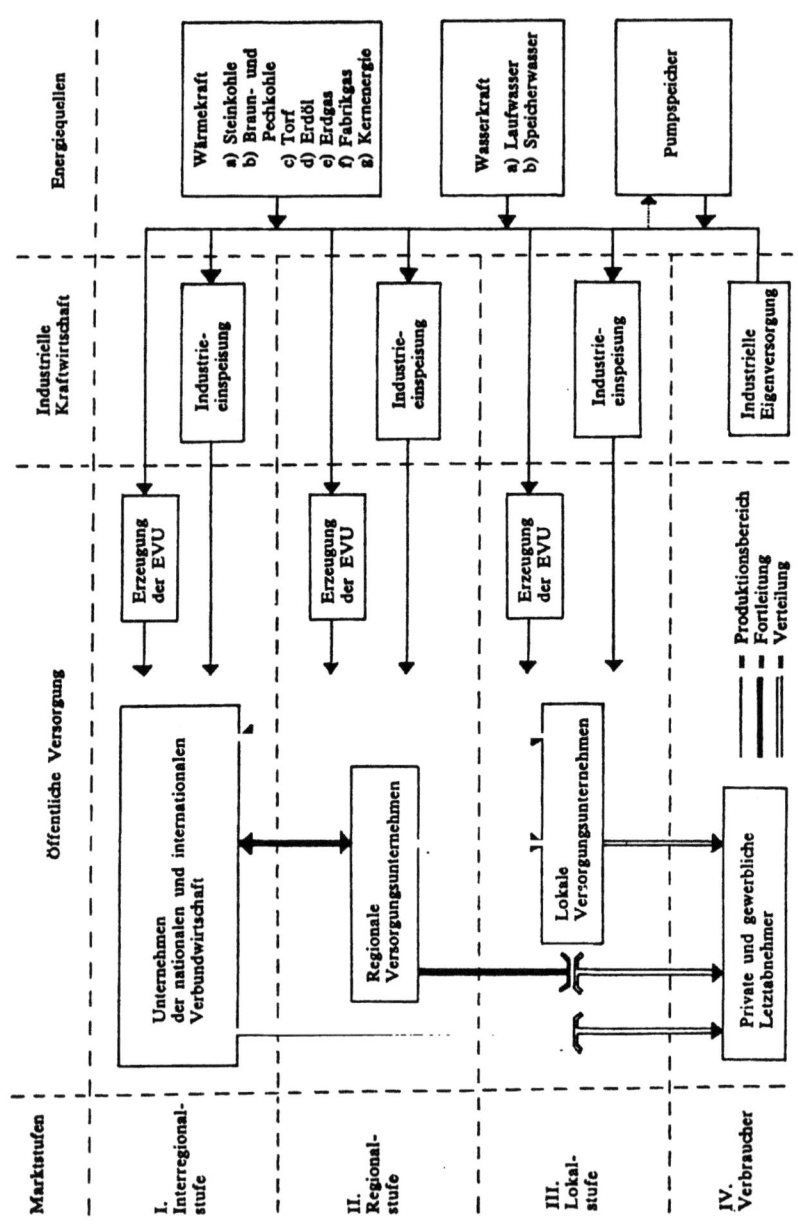

Abb. 2.1: Schema des deutschen Elektrizitätsmarktes

und eigentlich öffentliche Unternehmen nur zulässt, wenn:[3]

- Der öffentliche Zweck das Unternehmen erfordert.

- Der Zweck nicht ebenso gut und wirtschaftlich durch einen anderen erfüllt wird oder erfüllt werden kann.

- Gemeindliche Wirtschaftsunternehmen keine wesentliche Schädigung und keine Aufsaugung selbständiger Betriebe in Landwirtschaft, Handel, Gewerbe und Industrie bewirken.

Allerdings wurde seitens der Rechtssprechung klargestellt, dass „die Versorgungswirtschaft nicht"[4] von der DGO erfasst wird, da sie nicht zu den rein wirtschaftlichen Unternehmen zu zählen seien.[5]

2.1.1 Daseinsvorsorge

Die Begründung für die Sonderstellung der Versorgungswirtschaft wird darin gesehen, dass sie "als Teil der Daseinsvorsorge Verwaltung ist"[6] und die Erfüllung dieser Verwaltungsaufgabe gehöre aufgrund der geschichtlichen Entwicklung zu dem unantastbaren Kern der kommunalen Selbstverwaltung. Der Aspekt „Daseinsvorsorge" geht auf Ernst Forsthoff zurück, nach seiner Ansicht besitzt der Mensch einen effektiven und einen beherrschten Lebensraum, wobei der effektive Lebensraum den Bereich umfasst, in dem sich das Leben vollzieht. Der beherrschte Lebensraum meint den Bereich, den das Individuum selbst bestimmen kann. Dieser sei nach Forsthoff aufgrund der industriellen Entwicklung immer kleiner geworden und der effektive immer größer, so dass sich die soziale Bedürftigkeit erhöhe. Wobei diese Bedürftigkeit ebenfalls die Versorgungsbetriebe umfassen, die von den Kommunen als Daseinsvorsorge zu betreiben sind. Hieraus folgert Forsthoff zum einen, dass die kommunalen Versorgungsunternehmen Leistungen im Rahmen der Daseinsvorsorge erbringen und demnach Teil der Verwaltung sind.[7] Bei dieser Einordnung muss man berücksichtigen, dass die öffentlichen Unternehmen der Daseinsvorsorge als Teil der leistenden Verwaltung dem öffentlichen Recht unterstellt sind. Damit stünden die EVU also außerhalb der Wettbewerbsordnung und sie trügen nicht

---

3	bayr. Gemeindeordnung, Art 75, Abs 1 u. 2
4	Gröner, Helmut, a. a. O., S. 109
5	ebenda
6	Gröner, Helmut, a. a. O., S. 110
7	Gröner, Helmut, a. a. O., S. 113

die Merkmale marktbeherrschender Unternehmen im Sinne des Kartellgesetzes.[8] Neben dem Aspekt der Daseinsvorsorge wird auch vielfach auf den „öffentlichen Zweck" verwiesen. Der Begriff wird häufig mit der Tautologie erklärt, dass stets ein öffentlicher Zweck vorliege, wenn die Leistungen und Lieferungen selbst unmittelbar einem öffentlichen Zweck dienen.[9] Der Begriff erweist sich letztlich als Leerformel, die von den politischen Zielvorgaben mit Inhalt zu füllen ist.

2.1.2 Zielvorgaben der EVU

Hierbei kann man die Zielvorgaben in eine Leistungskonzeption und eine Finanzkonzeption gliedern. Mit der Leistungskonzeption wird der Produktionsprozess einschließlich der Produktionsfaktoren bestimmt und mit der Finanzkonzeption wird die Finanzierung der Leistungskonzeption gesichert. Wobei die öffentlichen Haushalte hier die Möglichkeit haben ihren Finanzierungsbedarf nicht nur aus den Einnahmen aufgrund der erbrachten Leistungen zu decken, sondern auch noch auf das Kollektiv der Steuerzahler zurückgreifen können. Zur Abgrenzung zu den Privatunternehmen wird von den kommunalen EVU angeführt, dass bei den Privatunternehmen grundsätzlich die Gewinnmaximierung und damit die Finanzkonzeption im Vordergrund stehen würde, hingegen bei den kommunalen EVU die politisch definierte Leistungskonzeption bestimmend sei. Allerdings kann man feststellen, dass diese politischen Definitionen meist ebenfalls nur aus Leerformeln bestehen und letztlich die Führungskräfte des öffentlichen Unternehmens mit der eigentlichen Umsetzung betraut sind. Damit besteht aber die Gefahr, dass die Ziele eher nach den jeweiligen Unternehmensinteressen bestimmt werden. Außerdem ist die Annahme hinsichtlich der grundsätzlichen Gewinnmaximierung von privaten Unternehmen auch nicht haltbar, da es genügend Beispiele gibt, welche die Leistungskonzeption in den Vordergrund stellen.[10] Insgesamt erweist sich der Verweis auf den „öffentlichen Zweck" als Begründung für kommunale EVU als kaum haltbar. Trotzdem wurde und wird diese Begründung weiterhin genutzt.[11] Ebenfalls wird auf das so genannte „Massenbedürfnis" bei der Versorgung mit Strom verwiesen, welches sich aufgrund der hohen Bevölkerungsdichten ergeben würde. Außerdem wird darauf verwiesen, dass es sich dabei um ein Existenzbedürfnis handeln würde, welches von kommunaler Seite zu

---

[8]   Gröner, Helmut, a. a. O., S. 116
[9]   Gröner, Helmut, a. a. O., S. 137
[10]   Gröner, Helmut, a. a. O., S. 138
[11]   Gröner, Helmut, a. a. O., S. 139

befriedigen sei.[12] Als weiteres Argument für die öffentlichen Unternehmen wird angeführt, dass die Privatunternehmen nicht bereit wären innerhalb des Elektrizitätsmarktes in einem erforderlichen Ausmaß zu investieren, da die Anlagenintensität zu hoch sei. Zudem wären die Lebensdauern dieser Anlagen zu lang und damit für Privatunternehmen uninteressant. Hierbei ist aber zu Bedenken, dass sich Privatunternehmen an den Ertragsaussichten orientieren, die bis Mitte der achtziger Jahre von einer stetig steigenden Nachfrage nach Strom geprägt war und damit sicherlich zu entsprechenden Investitionen motiviert hätte. Allerdings war dies aufgrund des Wegemonopols der Kommunen, auf das später eingegangen wird, nicht möglich. In diesem Zusammenhang wird auch angeführt, dass die Privatunternehmen nicht in der Lage wären die hohen Investitionssummen aufzubringen. Auch hier muss man anführen, dass dies nur von den Ertragsaussichten abhängt, da sich gerade die Privatunternehmen sehr einfach des Kapitalmarktes bedienen können.[13] Ein anderer Aspekt der von den Kommunen zur Verteidigung ihres Engagements angeführt wird, bezieht sich auf das Leitungsnetz und steht bereits im Zusammenhang mit dem noch zu erläuternden Wegemonopol. Demnach wird durch den begrenzten Wettbewerb verhindert, dass es zu unnötigen Doppelinvestitionen kommt, da bei freiem Wettbewerb mehrere Leitungsnetze in einem Gebiet verlegt würden. Dies impliziert jedoch die Untrennbarkeit von Stromerzeugung und Verteilung, da eine diskriminierungsfreie Durchleitung als Möglichkeit ausgeschlossen wird. Bekräftigt wird diese Einschätzung der Kommunen noch dadurch, dass grundsätzlich von einem „unumgänglichen Elektrizitätsmonopol"[14] auszugehen ist. Dies muss nach ihrer Auffassung zwingend in den Händen der Gemeinden liegen, da das Monopol ansonsten von Privatunternehmen missbraucht würde.[15]

2.1.3 Querverbund

Ein weiterer Vorteil soll in dem Aufbau eines Querverbundes zwischen den Unternehmen der Kommunen liegen. Dies umfasst die Bereiche Elektrizitäts-, Gas- und Wasserversorgung untereinander zusammen mit den Bereichen Verkehrs- und Hafenbetriebe. Aufgrund der Konzentration und Größe dieser Bereiche sollen sich Kostenvorteile ergeben. Hierbei ist zu beachten, dass Kostenvorteile in der Produktion primär durch eine Größendegression erreicht werden. Deshalb trifft dies bei den kommunalen

---

[12] Ordo-Jahrbuch 1965, a. a. O., S. 364
[13] Ordo-Jahrbuch 1965, a. a. O., S. 365
[14] Ordo-Jahrbuch 1965, a. a. O., S. 366
[15] Ordo-Jahrbuch 1965, a. a. O., S. 367

Unternehmen nicht zu, da die Bereiche ganz unterschiedliche Leistungen erbringen. Hingegen ist bei den Vertriebskosten mit Einsparungen zu rechnen, da hier zum einen Rechnungen zusammengefasst werden können und zum anderen die Verbrauchsdatenaufnahme beim Kunden gesamt erfolgen kann. Ebenfalls ist bei der Materialbeschaffung mit Kostenvorteilen zu rechnen, wobei dies aber zumeist nur auf die Betriebs- und Hilfsstoffe zutreffen dürfte. Weiterhin ist der dispositive Bedarf an Führungskräften geringer, zumindest sofern die kommunalen Unternehmen nicht im Wettbewerb stehen, da die Unsicherheit hinsichtlich zukünftiger Absatzentwicklungen sehr gering ist.[16] Die Zusammenfassung in einem Querverbund erlaubt es einen internen Verlustausgleich vorzunehmen. Dies wird dann als Vorteil erachtet, wenn auf diese Weise wichtige Betriebe, die im allgemeinen Interesse sind, finanziert werden können. Die Elektrizitätsversorgung dient hierbei als Quelle für die Subventionierung, vor allem der Verkehrsbetriebe.[17] Die bisher aufgezeigten Begründungen machen deutlich, dass die Kommunen alles daran setzten eine Berechtigung für den Betrieb eigener wirtschaftlicher Unternehmen zu erhalten. Aufgrund der aussichtsreichen Ertragsmöglichkeiten innerhalb des Elektrizitätssektors, wurde dieser Bereich von den kommunalen Unternehmen beansprucht. Außerdem konnten sich die Kommunen bis zur Verabschiedung der europäischen Binnenmarktrichtlinie auch auf die rechtliche Deckung ihrer Tätigkeiten verlassen.

2.1.4 Wegemonopol

Im Folgenden soll nun erläutert werden, wie es den öffentlichen Unternehmen gelingen konnte eine Monopolstellung zu erreichen und den Wettbewerb auf dem Elektrizitätsmarkt fast gänzlich auszuschalten. Die Grundlage hierfür liegt in dem Wegemonopol der Gemeinden. Sie beanspruchten das Recht zu entscheiden, welches Unternehmen ein Verteiler- bzw. Transportnetz auf dem Boden der öffentlichen Straßen und Wege errichten durfte. Diese Monopolstellung nutzen sie aus, um die eigenen öffentlichen Unternehmen zu begünstigen und nur ihnen die Errichtung von entsprechenden Netzen zu gestatten. Die Vergabe des Rechtes für die Errichtung von Netzen wurde zudem noch mit Konzessionsverträgen verknüpft, die den Gemeinden eine einträgliche Einnahmequelle zusicherten. Damit befanden sich die Verteiler- bzw. Transportnetzbetreiber in der Lage, mit den angeschlossenen Kunden, über ein Nachfragemonopol zu verfügen. Aufgrund

---

[16]   Gröner, Helmut, a. a. O., S. 149
[17]   Gröner, Helmut, a. a. O., S. 150

der Bedeutung des Wegemonopols soll eingehend erläutert werden, welche
Begründungen die Kommunen dafür liefern. Außerdem sollen dabei die
Konzessionsabgaben berücksichtigt werden.

Für die Gemeinden war es ein glücklicher Zufall, dass sich die öffentlichen Wege als optimale Streckenführung für das Stromnetz herausstellten.
Die Vorteile liegen darin, dass die öffentlichen Wege meist unbebaut bleiben, abgesehen von Straßendecken und damit das Verlegen und die Wartung des Stromnetzes nur geringe Kosten erfordert. Des Weiteren ergibt
sich direkt angrenzend an die öffentlichen Wege meist eine hohe Abnehmerdichte. Aus diesen Gründen wurde bereits 1884 der erste Vertrag seitens
der Stadt Berlin mit einem EVU geschlossen, der Vereinbarungen über die
Nutzung der öffentlichen Wege der Stadt Berlin enthielt.[18] Diese Vereinbarungen bildeten die Grundlage für den Begriff Konzessionsvertrag, welcher
grundsätzlich zwischen Kommune und EVU geschlossen wurde.

2.1.5 Konzessionsverträge

Der Inhalt der Konzessionsverträge ähnelte sich sehr und deshalb sollen im
Folgenden die typischen Vereinbarungen dargestellt werden. Hierzu wurde
von Ernst Niederleithinger eine Erhebung angestellt, „deren Ergebnisse -
wie er selbst einschränkt - zwar auch nicht als repräsentativ im strengen
Sinne anzusehen sind, aber einmal durch die große Zahl der ausgewerteten
Verträge und zum anderen durch die abgewogene Auswahl der einbezoge-
nen EVU doch ein zuverlässiges Bild der weiterhin üblichen Abmachungen
liefern"[19]. Demnach wurden meist folgende Vereinbarungen getroffen:[20]

1. In allen Konzessionsverträgen befanden sich Bestimmungen über die
   Benutzung gemeindeeigener Grundstücke durch die EVU, um Leitungen zu verlegen und teilweise auch um sonstige Versorgungsanlagen zu errichten. Der Umfang der von den Gebietskörperschaften ein-
   geräumten Nutzungsrechte war allerdings unterschiedlich, umschloss
   jedoch stets die öffentlichen Straßen im Gemeindegebiet, über die die
   Kommunen verfügen können. Gewöhnlich sicherten sich die Gemeinden gewisse Mitwirkungsrechte beim Leitungsbau und verpflichten
   die EVU, nach dem Abschluss von Bauarbeiten die gemeindeeigenen
   Grundstücke wiederherzustellen.

2. Regelmäßig räumen die Gebietskörperschaften den EVU eine Aus-
   schließlichkeitsstellung ein, die ihnen einen weitgehenden Schutz vor

---

18 Gröner, Helmut, a. a. O., S. 259
19 Gröner, Helmut, a. a. O., S. 261
20 Gröner, Helmut, a. a. O., S. 261ff.

Wettbewerbern innerhalb des Gemeindegebiets gewährt. Diese Ausschließlichkeitsklauseln richten sich meist nicht nur gegen Dritte, sondern auch gegen die Kommunen selbst, die damit auf jede eigene Erzeugung und auf den Bezug von anderen Unternehmen verzichten.

3. Fast ausnahmslos werden die Elektrizitätswerke in den Konzessionsverträgen einer Anschluss- und Versorgungspflicht unterworfen, die allerdings meist auf die Grenzen von § 6 EnWG eingeschränkt ist. Darüber hinaus gibt es oft Vertragsbestimmungen, die zusätzlich eine Betriebspflicht festlegen; diese Bekräftigung des Angebotszwangs ist in den Abkommen nicht einheitlich geregelt.

4. In den meisten Konzessionsverträgen werden auch Preise und Bedingungen für die Versorgung der Abnehmer erwähnt, wobei in diesen Klauseln fast immer ganz allgemein auf die jeweiligen Allgemeinen Tarifpreise und die jeweiligen Versorgungsbedingungen des EVU verwiesen wird.

5. In den meisten Konzessionsbedingungen wird den EVU auferlegt, eine Konzessionsabgabe zu leisten, und es werden die Bedingungen für einen Strombezug der Kommunen und für die Straßenbeleuchtung vereinbart. Über die Konzessionsabgabe finden sich in den Vertragsmustern vielfach nur Rahmenbestimmungen, da ihre endgültige Höhe mit den einzelnen Gebietskörperschaften von Fall zu Fall ausgehandelt wird. Oftmals sind die Formulierungen der Musterwortlaute von Konzessionsverträgen - worauf Niederleithinger nicht hinweist - in diesem Punkte geradezu irreführend, wenn in ihnen, wie in Bayern die Gemeinden den EVU das Recht gewähren, die kommunalen Grundstücke unentgeltlich zu benutzen, um die örtlichen Transportanlagen für elektrische Energie zu errichten, wenn ansonsten in diesen Musterverträgen Konzessionsabgaben nicht erwähnt werden und wenn sie dennoch von den EVU gezahlt werden. Die Grundlage für diese Konzessionsabgaben sind in den Zusatzvereinbarungen zu suchen, mit denen der allgemeine Mustervertrag in diesem Punkt aufgrund „besonderer Verhältnisse des Einzelfalls", wie man bei den EVU etwas vage zu sagen pflegt, abgeändert wird. Hinter den „besonderen Verhältnissen des Einzelfalls" steht in aller Regel die Tatsache, dass solche Abgaben den unmittelbar versorgten größeren Gemeinden für ihren „Verzicht" auf eine eigene Elektrizitätsversorgung gewährt werden.

6. Gewöhnlich gehen Gebietskörperschaften und EVU Absprachen über die Versorgung nach Ablauf des Konzessionsvertrages ein, die jedoch

keine einheitlichen Merkmale erkennen lassen. Nachdem es früher
möglich war, das so genannte Heimfallrecht in Konzessionsverträgen
aufzunehmen, sind heute nur noch Übernahmerechte und -pflichten
für Versorgungsanlagen anzutreffen, die unterschiedlich gehandhabt
werden. Außerdem kommt es vor, dass sich die EVU gewisse Vorrech-
te verankern lassen, „falls das Gebiet später wieder vergeben wird
oder die Gemeinde die Versorgung selbst übernimmt"[21]. Häufig wird
den EVU auch erlaubt, nach Ablauf des Vertrages noch für eine gewisse Zeit durch das Gemeindegebiet Elektrizität durchzuleiten.

2.1.6 Rechtliche Grundlagen der Konzessionsverträge

Im Hinblick auf die Grundlagen für die Konzessionsverträge soll im Weiteren auf die rechtliche Betrachtung der Verträge eingegangen werden, da
dies maßgeblich für die Höhe der Konzessionsabgaben ist. Nach vorherr-
schender Meinung handelt es sich bei der Nutzung der öffentlichen Wege
nicht um einen Gemeingebrauch, sondern um eine Sondernutzung. Damit
liegt die Zuständigkeit entweder beim Eigentümer der Flächen und somit
bei den Kommunen oder beim „Träger der straßenrechtlichen Funktionen
Straßenaufsicht und Straßenbaulast"[22]. Damit stellt sich aber die Frage,
wer über die Entscheidungsbefugnis verfügt und damit auch rechtlich als
Vertragspartner der EVU auftreten darf. Hier werden nun drei Auffassun-
gen vertreten:[23]

1. Die rein privatrechtliche Auffassung. Nach ihr fallen die über den
   Gemeingebrauch hinausgehenden Sondernutzungen allein ins Privatrecht, so dass die Träger der Straßenaufsicht und der Straßenbaulast
   nicht mitzusprechen hätten.

2. Die rein öffentlich-rechtliche Auffassung. In dieser Theorie ist die
   Sondernutzung vom Privateigentum an den öffentlichen Wegen unabhängig, so dass auch die Zustimmung des Straßeneigentümers entfällt.

3. Die dualistische Auffassung. Sie geht davon aus, dass in Konzessionsverträgen, privatrechtliche und öffentlich-rechtliche Elemente zusammenwirken.

Die Gesetzgeber in der BRD sind letztlich der privatrechtlichen Auffassung
gefolgt, die ebenfalls von den Kommunen und EVU präferiert bzw. durch

---

[21]   Niederleithinger, Ernst, a. a. O., S. 57
[22]   Gröner, Helmut, a. a. O., S. 265
[23]   Gröner, Helmut, a. a. O., S. 265

Lobbyismus auch gefördert wurde. Bei einer Einstufung nach der öffentlich-rechtlichen Auffassung wäre der Gleichbehandlungsgrundsatz anzuwenden gewesen und damit „das System der kommunalen Gebietsvergabe"[24] in Gefahr geraten. Die komplexe Konstruktion für die privatrechtliche Einordnung lässt sich daran erkennen, dass nur „der ruhende und fließende Verkehr auf der Straße"[25] als Gemeingebrauch anerkannt wird und somit jeder Person frei zugänglich sein muss. Hingegen der Transport von Energie durch ein Leitungsnetz unterhalb der Straße kein Gemeingebrauch mehr sein soll. Mit der privatrechtlichen Auffassung ist auf jeden Fall die Straßennutzung als Leistungsangebot seitens der Kommunen geschaffen worden, dass die Konzessionsabgaben rechtfertigt. Daneben wird noch das Angebot von Absatzgebieten als Begründung für die Abgaben gesehen. Wie bereits im vorigen Abschnitt erwähnt, räumen die Kommunen den EVU ausschließliche Nutzungsrechte ihrer Wegemonopole ein. Damit wird den EVU eine Marktstruktur verschafft, die aufgrund des Monopols Ertragsaussichten bietet, die langfristig gesichert sind. Zudem verzichten die Kommunen auf eine Eigenversorgung oder eine Fremdversorgung. Aufgrund der vorgenannten Aspekte richtet sich die Höhe der Konzessionsabgaben im wesentlichen danach, welche Marktstruktur bzw. welche Ertragsaussichten den EVU verschafft werden. Die Kommunen selbst meinen, dass sie „zur Verbesserung der Wirtschaftsstruktur und damit zur Steigerung der Ertragsfähigkeit des Versorgungsgebietes für das Versorgungsunternehmen beitragen"[26]. Für die BRD ergab sich 1966 „für die allgemeinen Tariflieferungen aus Eigen- und Fremdversorgung ein Konzessionsabgaben-Durchschnittsatz von 10 - 11 % = rd. 850 Millionen DM"[27]. Unter Tariflieferungen sind die Lieferungen an Tarifkunden zu verstehen, womit die privaten Haushalte gemeint sind. Als Sonderabnehmer werden Kunden erachtet, die eine sehr große Energiemenge abnehmen, z. B. energieintensive Industrien: Aluminiumerzeugung. Diese Sonderabnehmer tragen kaum zu den Konzessionsabgaben bei, da sie aufgrund ihrer Möglichkeit bzw. Androhung zur Eigenversorgung überzugehen, Stromverträge mit den EVU frei aushandeln können. Deshalb betrugen die Konzessionsabgaben der Sonderabnehmer 1966 im Durchschnitt nur 1,5 %.[28] Im Jahre 1995 betrugen die Konzessionsabgaben für ein ca. 1,5 Mio. Km langes Energieverteilungsnetz insgesamt „etwa 2 Mrd. DM"[29]. Diese Zahlen verdeutlichen

---

[24]   Gröner, Helmut, a. a. O., S. 266
[25]   Gröner, Helmut, a. a. O., S. 266
[26]   Gröner, Helmut, a. a. O., S. 284
[27]   Gröner, Helmut, a. a. O., S. 284
[28]   Gröner, Helmut, a. a. O., S. 287
[29]   Reuter, Egon, Energiewirtschaft, a. a. O., S. 8

auch das erhebliche Interesse der Kommunen als Vertragspartner für die EVU auftreten zu können. Wenn auch die Inhalte der Konzessionsverträge bereits erläutert wurden, soll nun auf die verschiedenen Vertragstypen eingegangen werden. Bedeutend sind folgende drei Vertragstypen:[30]

1. B-Verträge: Konzessionsgeber, meist Kommunen, verpflichten sich gegenüber einem EVU selbst keine Eigenversorgung zu errichten und den Marktzutritt für dritte Unternehmen zu sperren.

2. Vertikale Demarkation, A-Verträge: Elektrizitätsversorgungsunternehmen verschiedener Marktstufen schließen Energielieferungsverträge ab, die einseitige oder gegenseitige Demarkationen (Ausschließlichkeitsbindungen) enthalten. Meist reichen in solchen Fällen einseitige Demarkationen seitens der höherstufigen EVU (z. B.: Regionalversorger), da die lokalen EVU kaum über die nötigen Mittel verfügen, um sich in dem Bereich der Regionalversorgung zu betätigen.

3. Horizontale oder selbständige Demarkation: Die beiden ersten Vertragstypen koppeln die Gebietsabgrenzung mit ausschließlichen Liefer- und Bezugversprechen. Im Gegensatz dazu wird bei diesem Vertragstyp eine reine Gebietsabgrenzung zwischen EVU festgelegt, die nicht in einem ständigen Liefer-Bezieher-Verhältnis zueinander stehen. Meist sind dies benachbarte EVU der Regional- oder Interregionalstufe, die sich damit die gegenseitige Respektierung ihrer Liefergebiete sichern.

2.2 Regionale EVU

Die Regionalversorgung hat ihren Ursprung in der Großerzeugung von Strom und der technischen Möglichkeit die elektrische Energie auch über große Entfernungen zu transportieren. Vor allem in den zwanziger Jahren wurden von den Regionalversorgern Landesnetze aufgebaut, die sich räumlich ausdehnten und verdichteten. Das hatte zur Folge, dass die Kapazität eines einzelnen Kraftwerkes nicht mehr für die Versorgung ausreichte und somit mehrere Kraftwerke zusammengeschaltet werden mussten. Dies wurde vom so genannten Lastverteiler erledigt, dem die Aufgabe zufiel die Kraftwerke kostenoptimal zu betreiben. Zudem nutzten die Regionalversorger auch die Möglichkeit des Stromaustausches zwischen den Landesnetzen, um hierbei ebenfalls Kostenvorteile zu erreichen, indem sie versuchten kurzfristig nicht benötigte Strommengen an andere Netzbetreiber

---

[30] Gröner, Helmut, a. a. O., S. 320ff.

zu liefern und damit einen Lastenausgleich vorzunehmen. Diese Art des
Energiehandels wurde schon frühzeitig als Verbundbetrieb bezeichnet, auf
den später noch eingegangen wird. Allerdings kam es erst mit der Einführung des 220 kV-Netzes zu einem wirklichen nationalen Verbundbetrieb,
da nun die Möglichkeit gegeben war, Strom innerhalb der gesamten BRD
mit angemessenen Verlusten zu transportieren. Die Installation des 220
kV-Netzes von einer geringen Zahl großer Unternehmen (Verbundunternehmen) beendete die Möglichkeit der Regionalversorger in bedeutendem
Umfang an dem Verbundbetrieb aktiv teilzunehmen. Deshalb mussten die
meisten Regionalversorger versuchen sich in einer „Position zwischen den
Verbundunternehmen und den kommunalen EVU der Lokalstufe zu be-
haupten"[31]. Die Wahl eines attraktiven Geschäftsfeldes war hier allerdings
schwierig zu bestimmen, da die Verbundunternehmen auf dem Gebiet der
Großstromerzeugung erhebliche Vorteile besaßen und die lokalen EVU die
lokale Verteilung von Strom vornahm. Trotzdem wurde als Geschäftsfeld
die Verteilung von Strom gewählt. Allerdings mit dem Schwerpunkt der
überörtlichen Versorgung. Hierzu schlossen sich die Regionalversorger im
Dezember 1950 in der Arbeitsgemeinschaft der Regionalen Elektrizitätswirtschaft (ARE) zusammen. Als besonderer Vorteil wird die günstige
Durchmischung der Leistungsabnahme und eine damit verbundene Kostenoptimierung angesehen, die sich aufgrund der räumlichen Ausdehnung der
Versorgungsgebiete ergibt. Außerdem wird nach Ansicht der ARE eine
unwirtschaftliche Streckenführung beim Netzaufbau - insbesondere beim
Mittelspannungsnetz - vermieden, die sich ergeben könnte, wenn die lokalen EVU ebenfalls für die regionalen Netze verantwortlich wären. Bei
dieser Argumentation muss man aber bedenken, dass die regionalen Netze ohne die Regionalversorger von den Verbundbetreibern verlegt worden
wären und damit sicherlich auch eine effiziente Streckenführung gewährleistet worden wäre. Die Aussagen hinsichtlich der besseren Durchmischung
ist ebenfalls fragwürdig, da die Regionalversorger eine Kostenoptimierung
nur erreichen könnten, wenn sie eigene Anlagen zur Stromerzeugung betreiben würden, was wie oben erwähnt eher die Ausnahme ist. Weiterhin
wird von der ARE angeführt, dass ein einheitlicher Tarifpreis gerade für
die ländlichen Gebiete nur dann möglich ist, wenn man eine ganze Region
versorgt, die aus kleinen Gemeinden, Kleinstädten und Mittelstädten besteht. Hierdurch sollen die Kosten auf alle Abnehmer verteilt werden und
damit auch die Versorgung von bevölkerungsschwachen Gebieten subven-
tioniert werden. In diesem Zusammenhang wird ebenfalls angeführt, dass
die regionale Versorgungskonzeption als „Gehilfe der überörtlichen Raum-

---

[31]   Gröner, Helmut, a. a. O., S. 230

ordnungspolitik"[32] zu betrachten ist, da die „Gleichpreisigkeit" zu einer
Förderung von Gebieten mit geringer Bevölkerungsdichte führen soll. Ein
weiteres Argument liegt seitens der ARE in der optimalen Betriebsgröße
der Versorgungsgebiete. Wobei hier die kostenoptimale Stromverteilung
gemeint ist. Allerdings wird seitens der ARE keine Begründung für diese
Aussage geliefert, wie sie mit Hilfe der Kostenrechnung leicht zu erbringen
sein müsste.[33] Der Anteil der ARE-Mitgliedsunternehmen an der Stromabgabe liegt bei ca. 33 Prozent.

2.3 Interregionale EVU

Wie bereits erwähnt wird der Verbundbetrieb auf der Interregionalstufe
von den Großstromerzeugern gewährleistet. Diese verfügen über das benötigte 220 KV-Fernleitungsnetz, dass für eine effiziente Verteilung unabdingbar ist. Die Verbundunternehmen sind nach dem 2. Weltkrieg aus
dem Kreis der Regionalunternehmen hervorgegangen. Die Abgrenzung zu
den Regionalunternehmen konnte dadurch erreicht werden, dass die Unternehmen als „potente Anbieter ... auftreten können"[34], da sie über große
Versorgungsgebiete verfügen und damit eine erhebliche Nachfragekonzen-
tration in sich vereinen. Diese Verbundgesellschaften haben sich in der
Deutschen Verbundgesellschaft (DVG) am 15 November 1948 zusammen-
geschlossen. Nach 1950 bestand die DVG aus folgenden neun Mitgliedern:
Badenwerk, Bayernwerk, Bewag, EVS und HEW als Landesgesellschaften
sowie die Preußenelektra, RWE, VEW und Ewag.[35] Die Ziele der DVG
waren unter anderem die Förderung des Ausbaus der deutschen Verbundwirtschaft. Hierzu wurde und wird von den Verbundunternehmen vor allem die Ausweitung des Höchstspannungsnetzes (vgl. Abbildung 2.2 auf
Seite 34), insbesondere des 380 KV-Netzes vorangetrieben. Daneben soll
die Verbundwirtschaft durch die DVG auch dadurch gefördert werden,
dass die Planung von Kraftwerken und Leitungen gegenseitig abgestimmt
wird.[36] Das Verbundnetz wurde bis 2001 erheblich ausgebaut und stellt
sich wie in Abbildung 2.3 auf Seite 35 dar. Weiterhin wird von der DVG
die Zusammenarbeit mit ausländischen Verbundunternehmen gefördert.[37]
Obwohl der Außenhandel mit Energie aufgrund der Römischen Verträge

---

[32]   Gröner, Helmut, a. a. O., S. 234
[33]   Gröner, Helmut, a. a. O., S. 230ff.
[34]   Gröner, Helmut, a. a. O., S. 228
[35]   ebenda
[36]   Gröner, Helmut, a. a. O., S. 229
[37]   ebenda

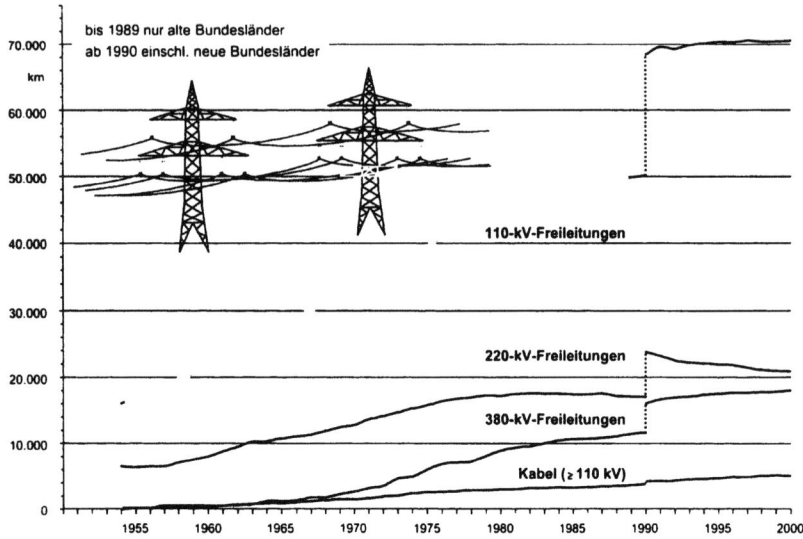

Abb. 2.2: Entwicklung der Stromkreislängen von 1955 bis 2000

von 1956 liberalisiert wurde, gab es noch genügend nichttarifäre Handelshemmnisse.[38] Die DVG war letztlich marktbeherrschend in der BRD, da es faktisch ein Kartell der großen EVU war. Diese Position war solange unangreifbar, wie das überregionale Transportnetz nur den Mitgliedern der DVG zugänglich war.[39] Zum Ende des Jahres 2001 hat sich die DVG aufgelöst und ist in dem Verband der Netzbetreiber (VDN) aufgegangen, der allen Netzbetreibern unabhängig von ihrer Größe den Beitritt ermöglicht.

2.3.1 Aufgaben der Verbundunternehmen

Die Aufgaben, die seitens der Verbundunternehmen wahrgenommen wurden, ergaben sich aufgrund der Struktur des Strommarktes. Innerhalb des Verbundbetriebes wurden die Unternehmen der DVG auf folgenden Teilmärkten aktiv:[40]

1. Ein Markt für Zusatz- und Überschussstrom: Die EVU als Bezieher von zusätzlicher Energie treten hier als Nachfrager auf, während andere EVU Energieüberschüsse anbieten, die jahreszeitlich

---

38 ebenda
39 Gröner, Helmut, a. a. O., S. 230
40 Gröner, Helmut, a. a. O., S. 226ff.

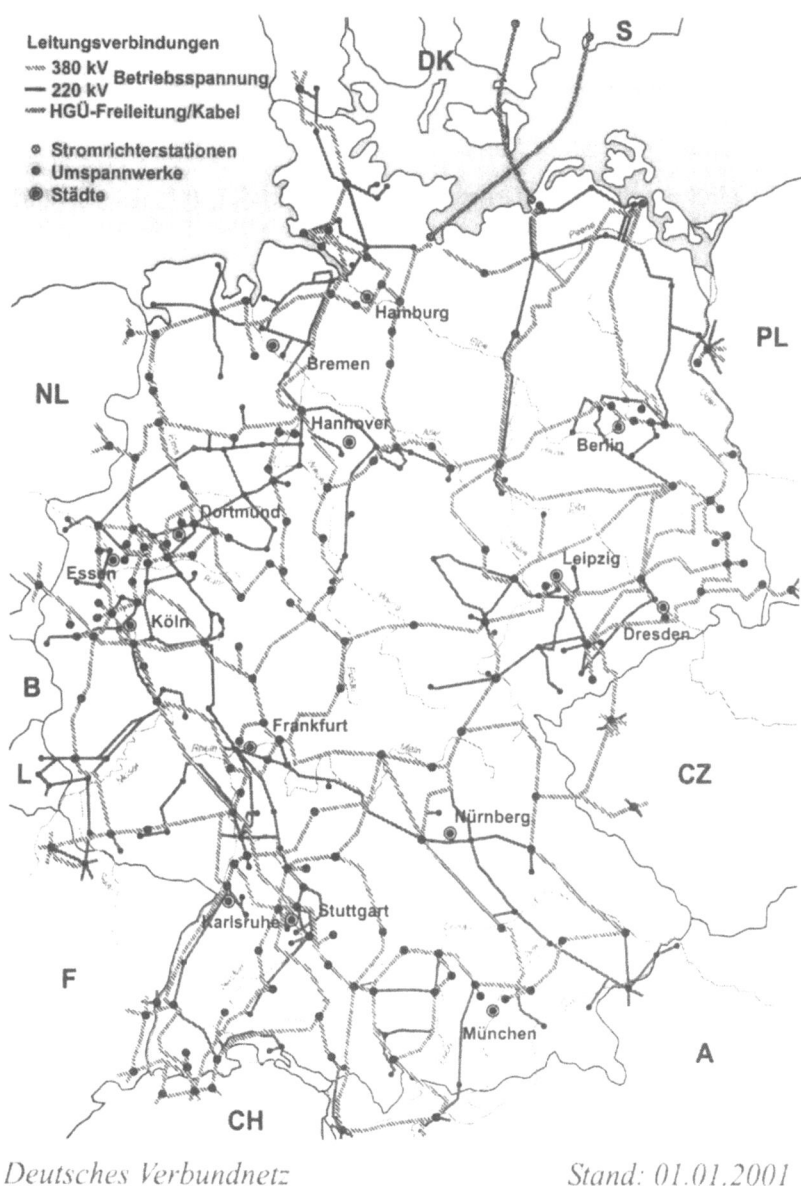

Deutsches Verbundnetz   Stand: 01.01.2001
18 300 km 380-kV-Stromkreise
21 400 km 220-kV-Stromkreise

Abb. 2.3: Deutsches Verbundnetz 2001

oder auch überraschend auftreten. In den getätigten Abschlüssen wurden für die Energielieferungen verschiedene Modalitäten vorgesehen. Auf diesem Teilmarkt wird oftmals auch im Naturaltausch gehandelt, wenn Überschuss- und Mangellagen bei den Partnern gegenläufig wechseln.

2. Ein Markt für Spitzenstrom: Hier fragen EVU Strom nur nach, um die Belastungsspitzen in ihrem Versorgungsgebiet bedienen zu können; das Stromangebot kommt meist von hydraulischen Speicherkraftwerken, Lieferungen von Spitzenstrom werden auch mit thermischem Nachtstrom bezahlt, der dann dazu benutzt wird, die Speicher wieder aufzufüllen.

3. Ein Markt für Reservestrom: Um Stromausfällen so gut wie möglich vorzubeugen, damit ein möglichst hoher Grad von Versorgungssicherheit erreicht wird, vereinbaren EVU, sich in Notfällen gegenseitig zu helfen. Heute werden hierbei seltener feste Leistungsgrenzen abgesprochen, sondern mehr eine Hilfe nach „Können und Vermögen" zugesagt, weil der Spielraum für einen eventuellen Beistand auch von der Situation im eigenen Versorgungsgebiet abhängt. Gleichwohl können durch den An- und Verkauf von Beistandslieferungen die Reservekapazitäten bei den einzelnen EVU geringer bemessen werden. Wenn beim Reservestrom im Voraus oft keine Mindest-, Höchst- oder Festmengen kontrahiert werden, so werden demgegenüber die Preise oder die Form der Abrechnung für diese Aushilfslieferungen fest verabredet.

4. Ein Markt für Transportleistungen: Etwa ab 1950, werden interregionale Stromgeschäfte nicht nur zwischen Anbietern und Nachfragern abgeschlossen, deren Versorgungsgebiete aneinandergrenzen, sondern auch zwischen EVU, die ein drittes Versorgungsgebiet überspringen müssen. In so genannten „Durchleitungsabkommen" übernimmt dieses dritte EVU die Transportaufgabe für die Kontrahenten des Stromaustauschs als einzelner oder gemeinsamer Nachfrager auf diesem Dienstleistungsmarkt.

Mit den vorigen Erläuterungen wurden die Grundlagen der Strukturen der Energiewirtschaft erläutert, wie sie sich in der BRD innerhalb der fünfziger Jahre verfestigten. Grundsätzliche Änderungen wurden erst mit der Verabschiedung der Einheitlichen Europäischen Akte 1987 angekündigt und letztendlich erst 1997 mit der Binnenmarktrichtlinie umgesetzt. Bis zu diesem Zeitpunkt war es den EVU möglich ihre Monopolstellung auszunutzen, was sicherlich auch ein Grund für die höchsten Strompreise der

BRD innerhalb Europas war. Diese Tatsache gewinnt noch an Bedeutung, wenn man bedenkt, dass eine der Prämissen des Energiewirtschaftsgesetzes in der billigen Versorgung besteht. Allerdings wurde von den EVU stets die Begründung der sicheren Versorgung angeführt, die zu entsprechenden Mehrkosten führte. Die Argumentationskette der öffentlichen EVU ist in vielerlei Hinsicht nicht schlüssig. So wird häufig darauf verwiesen, dass die EVU nicht in der privaten Hand sein dürfen, da die Versorgung mit Strom zum Gemeinnutzen gehört. Hingegen wird bezüglich des Wegerechts, welches von den Kommunen vergeben wird, argumentiert, dass hier nur das Privatrecht angewendet werden darf, da es sich um eine Sondernutzung handelt, die nicht nach dem öffentlichen Recht beurteilt werden kann. Bezeichnend ist es ebenfalls, dass einer Privatperson für die Verlegung von Versorgungsleitungen, auf dessen Grundstück, seitens der EVU nur eine einmalige Entschädigung erhält, die deutlich geringer als die Konzessionsabgaben sind, welche laufend erhoben werden. Die Differenz zu den Konzessionsabgaben beträgt bis zum „180-fachen Wert"[41]. Bei der Betrachtung der Gesamtsituation auf dem Elektrizitätsmarkt kann man wohl konstatieren, dass sich die öffentliche Hand ihre Monopolstellung nach 1950 sichern wollte. Die Gründe dafür sind mit großer Wahrscheinlichkeit finanzieller Natur, da sich durch die Konzessionsabgaben und die Möglichkeiten des Querverbundes für die Kommunen große finanzielle Spielräume eröffneten. Aufgrund der mehrheitlichen Anteilseignerschaft an den großen EVU der Deutschen Verbundgesellschaft, war es möglich hoch dotierte Führungsfunktionen mit ausgewählten Personen zu besetzen, die teilweise der Politik entstammten. Dieser Anreiz trug wohl dazu bei, dass keine Regierung eine Privatisierung des Elektrizitätssektors in Angriff nahm. Dies wurde erst durch die europäischen Forderungen mit der Einheitlichen Europäischen Akte 1987 eingeleitet.

2.4 Privatwirtschaftliche Stromerzeugung

Wenn auch in den vorigen Abschnitten als auch im Kapitel 1 mehrfach darauf verwiesen wurde, dass die öffentliche Hand eine Monopolstellung bei der Elektrizitätsversorgung einnahm, so gab es dennoch Ausnahmen. Allerdings beschränken sich diese auf die Erzeugung von Strom für die Eigennutzung bei Industrieanlagen. Die privaten Haushalte erhielten nur in wenigen Ausnahmefällen Strom von Privatunternehmen, wie bei großen Industriekomplexen, die über eigene Werkssiedlungen für ihre Arbeitnehmer verfügten und die Eigenstromerzeugung für die Versorgung der Siedlungen

---

[41] VIK, Stellungnahmen der VIK, 1977, a. a. O., S. 39

nutzten. Die Ursache für das Engagement der Industrie an der Eigenerzeugung liegt in der katastrophalen Elektrizitätsversorgungslage, wie sie
sich nach dem 2.Weltkrieg darstellte. Zum damaligen Zeitpunkt mussten
alle Industrieunternehmen mit einem Stromverbrauch von mehr als 10 KW
ein Stromkontingent beantragen und begründen.[42] Um etwaigen Versor-
gungsengpässen zu entgehen, bedurfte es einer Selbsthilfe der Industrie.
Aus diesem Grund gründeten die Industrieunternehmen am 28. Mai 1947
die „Vereinigung Industrielle Kraftwirtschaft e. V." (VIK). Diese sollte „gegenüber staatlicher Verwaltung und öffentlicher Versorgungswirtschaft als
autorisierter und kompetenter Verhandlungspartner auftreten"[43] können.
Die Gründungsmitglieder zählten zu den großen industriellen Stromver-
brauchern und -erzeugern der energieintensiven Branchen, wie Bergbau,
Chemie, Stahl und Kraftstoffwirtschaft.[44] Die Aufgaben der VIK in der
Gründungsphase waren die Folgenden:[45]

- Die Wiederherstellung der industriellen Energie- und Eigenerzeugungsanlagen.

- Die Optimierung der Stromkontigentierung.

- Die kostengerechte Abrechnung für den von den EVU bezogenen
  Strom.

- Die Verhinderung des Einsatzes der industriellen Eigenanlagen als
  Reservekraftwerke für die öffentliche Versorgung.

- Die Novellierung des Energiewirtschaftsrechts von 1935. Bemerkens-
  werterweise argumentierte VIK schon 1947 gegen dieses monopoli-
  tisch geprägte Sonderrecht.

Obgleich sich die VIK stets gegen die Monopolstellung der öffentlichen
Hand in der Energieversorgungswirtschaft wendete, konnte sich die VIK
dennoch mit der öffentlichen Hand arrangieren. Hier ist beispielsweise der
Verbundbetrieb zu nennen, der es den öffentlichen Unternehmen ermöglichte auf preiswerte Energie der Industriekraftwerke zurückzugreifen. Im
Gegenzug „bot die Stromabgabe an das öffentliche Netz die Möglichkeit,
ihren Überschussstrom kostengerecht unterzubringen, was in vielen Fällen eine Kraft-Wärme-Kopplungsanlage erst wirtschaftlich machte."[46] In

---

[42]   VIK 50 Jahre im Dienst der dt. Industrie, a. a. O., S. 9
[43]   ebenda
[44]   ebenda
[45]   VIK 50 Jahre im Dienst der dt. Industrie, a. a. O., S. 10
[46]   VIK 50 Jahre im Dienst der dt. Industrie, a. a. O., S. 14

der Folgezeit setzte sich die VIK für eine wettbewerbsorientierte Regelung
der Elektrizitätswirtschaft ein. So versuchte die VIK im Zuge der Entwurfsphase des GWB den Umfang der Sonderstellung der Elektrizitätswirtschaft so gering wie möglich zu halten. Da schnell klar wurde, dass die
politisch Verantwortlichen nicht von der Sonderstellung der Elektrizitätswirtschaft abweichen würden, versuchte die VIK zumindest eine entsprechende Missbrauchsaufsicht zu erreichen: „Die Marschroute, der sich auch
der BDI anschloss, war klar vorgezeichnet: Soweit § 77 KGE unvermeidbar
ist, müssen die dort freistellungsfähigen Tatbestände einer Missbrauchsaufsicht unterstehen"[47]. Obgleich bei der Frage der Missbrauchsaufsicht einige
Ansichten der VIK in die Gesetzgebung eingebracht werden konnten, gelang es nicht die Monopolstellung der öffentlichen Hand einzuschränken
bzw. sich dem Ziel des freien Wettbewerbs anzunähern. Die steten Bestre-
bungen der VIK für mehr Wettbewerb wurde allerdings erst 1987 mit den
Inhalten der Einheitlichen Europäischen Akte entsprochen. In der Zwischenzeit konnten nur kleine Erfolge bei den Novellen des GWB erzielt
werden, die aber jeweils keine bedeutende Veränderung der Monopolsituation hervorriefen. Daneben versuchte man sich in Vereinbarungen mit
der Vereinigung der deutschen Elektrizitätswirtschaft, die Interessenver-
tretung der öffentlichen EVU, zu arrangieren und bessere Konditionen für
die Stromabnahme als auch -lieferung zu erreichen.[48]

2.5 Durchleitung

Im vorigen Abschnitt wurde bereits ausführlich auf die Netznutzung
im Allgemeinen eingegangen. Nunmehr soll speziell die Möglichkeit der
Durchleitung erörtert werden. Deshalb muss der Begriff Durchleitung zuerst definiert werden: Durchleitung liegt dann vor, wenn elektrische Energie von einem Grundstück über fremdes - privates oder öffentliches - Gelände zu einem anderen Grundstück übertragen wird, und zwar über Versorgungsanlagen, die im Eigentum eines Dritten, z. B. eines EVU, stehen. Eine Durchleitung im eigentlichen Sinne liegt nur vor, wenn sie unter
Berücksichtigung der Übertragungsverluste leistungsgleich ist, wenn also
in jedem Augenblick die gleiche Leistung in das Netz eingespeist und an
anderer Stelle entnommen wird. In einem etwas weiteren, praktikableren
Sinne liegt eine Durchleitung vor, wenn Einspeisung und Entnahme ar-
beitsgleich bei viertel-, halb- und einstündiger Leistungsmessung sind. Die
Durchleitung in diesem Sinne ist dadurch gekennzeichnet, dass in einer be-

---

47   Niederschrift über die 1. Sitzung des VIK-Vorstandes 1957
48   Niederschrift über die 1. Sitzung des VIK-Vorstandes 1957

stimmten Messperiode, beispielsweise im Zeitraum einer Viertelstunde, die gleiche Menge Arbeit bezogen und geliefert wird, wobei die Momentanleistung an der Einspeise- und Entnahmestelle innerhalb dieser Messperiode ungleich sein können. Der Abschluss eines Durchleitungsvertrages schließt weitere Vereinbarungen elektrizitätswirtschaftlicher Art nicht aus (z. B. Reserve- und Zusatzvertrag).[49] Aufgrund der Wettbewerbsordnung der BRD sollte eigentlich der freie Zugang zur unternehmerischen Tätigkeit im Rahmen der Gesetze gewährleistet sein und jeder Unternehmer sollte die Möglichkeit haben zur Eigenversorgung mit Strom überzugehen. Der Zusammenschluss mehrerer Unternehmen zum Zwecke moderner und rationeller Energieversorgung scheitert jedoch - bei fehlendem guten Willen der EVU - in aller Regel daran, dass der Strom nicht fortgeleitet werden kann. Im Bereich der Fortleitung von Strom haben wir es also mit einem Monopol zu tun.[50] Für Privatunternehmen stellt sich somit das Problem, dass sie wohl Eigenerzeugungsanlagen für Strom aufbauen können, sie aber keine Möglichkeit besitzen den Strom über größere Entfernungen fortzuleiten. Wobei hier nicht die Versorgung von privaten Haushalten gemeint ist, sondern die Durchleitung des Stroms an andere Niederlassungen bzw. Werke des eigenen Unternehmens oder auch an andere Industrieunternehmen, die einen Zusammenschluss zur Stromerzeugung gebildet haben. Die Möglichkeit der Durchleitung wird dadurch ausgeschlossen, dass die Kommunen durch Konzessionsverträge den EVU Gebietsmonopole verschafft, indem sie den EVU das alleinige Recht für die Nutzung der öffentlichen Straßen und Wege für die Verlegung von Versorgungsleitung einräumt. Somit haben die privaten Unternehmen keine Chance eigene Leitungen für den Stromtransport zu verlegen. Deshalb besteht nur die Möglichkeit die vorhandenen Leitungen mitzunutzen. Sofern die Leitungen der EVU nicht voll ausgelastet sind, sollte die Gewährung einer Durchleitung von Strom durch Dritte auch im Interesse des EVU liegen. Da hierdurch zusätzliche Einnahmen in Form eines Durchleitungsentgelts erzielt werden könnten. Probleme könnten erst dann auftreten, wenn das EVU nach einer gewissen Zeit die Übertragungskapazität der Leitung für eigene Transportleistungen benötigt. Wenn das Durchleitungsentgelt kostengerecht kalkuliert ist, können jedoch auch in diesem Falle keine unüberwindlichen Schwierigkeiten entstehen, da eine Erweiterung der Übertragungskapazität, also eine Erweiterungsinvestition gesichert ist.[51] Für die möglichst hohe Auslastung der Transportleitungen spricht ebenfalls, dass durch ein Mitbenutzungsrecht die Zersiedelung insgesamt so niedrig wie möglich gehalten wird.

---

[49]   VIK, Stellungnahmen der VIK, 1977, a. a. O., S. 41ff.
[50]   VIK, Stellungnahmen der VIK, 1977, a. a. O., S. 36
[51]   VIK, Stellungnahmen der VIK, 1977, a. a. O., S. 40

Dadurch wären die Verkehrswege als auch die öffentlichen Flächen deutlich geringer durch die Transportleitungen belastet. Ein weiterer positiver
Effekt von Durchleitungen liegt darin, dass die Mitbenutzung „zu einer
weiteren Vermaschung der Netze führt, die eine bessere Ausnutzung brin-
gen kann"[52]. Dies wird auch durch eine Studie des Energiewirtschaftlichen
Instituts an der Universität Köln belegt: „Im Mittelspannungs- und Niederspannungsnetz erhöht die Schaffung neuer Einspeisestellen das Übertra-
gungsvermögen einzelner Netzteile oft um ein Mehrfaches. Das ist darauf
zurückzuführen, dass durch die Verkürzung der Übertragungsentfernun-
gen einerseits und die Verringerung der eingespeisten Leistungen in den
einzelnen Einspeisestellen andererseits das Lastmoment der Übertragung
abnimmt. Besonders bei Maschennetzen lassen sich derartige Erhöhungen
der Gesamtkapazität einfach erreichen. Der unter Umständen beträchtli-
chen Leistungserhöhung stehen relativ geringe zusätzliche Aufwendungen
für die Errichtung neuer Umspannanlagen gegenüber"[53]. Demnach müsste es im Interesse der Netzbetreiber liegen, wenn Durchleitungen seitens
Dritter erlaubt wird. Die zu entrichtenden Entgelte müssten wettbewerbspolitisch neutral erfolgen. Es wäre beispielsweise möglich, dass „jeweils
die Leitungen oder bestimmte Teile davon auf besonderen Kostenstellen
für Bau, Reparatur, Betrieb, Abschreibungen und Verzinsung erfasst werden"[54]. Dies würde es erlauben kostengerechte Entgelte zu erheben, um damit eine sachgerechte und neutrale Lösung zu erreichen. Die Durchleitung
ist im wirtschaftlichen Sinne ein rechtlicher Vertrag der aus verschiedenen
Teilen besteht:[55]

1. Der fiktiven Berechnung der Transportleistung der in das Netz auf-
   genommenen Leistung und Arbeit (Durchleitungsentgelt) vom Einspeisepunkt bis zur Entnahmestelle.

2. Dem Einkauf von Leistung und Arbeit aus einer Eigenerzeugungsanlage durch das EVU.

3. Dem Verkauf der unter 2) angeführten Leistung und Arbeit an der
   Entnahmestelle unter Berücksichtigung der Netzverluste.

Insgesamt stellt die Durchleitung somit keine nennenswerten Probleme für
den Netzbetreiber dar, sondern ermöglicht eine Kostendegression. Innerhalb der BRD wird dem Durchleitungsbegehren allerdings kaum entsprochen, da die Monopolbetreiber der Transportleitungen dies verhindern.

---

[52]   VIK, Stellungnahmen der VIK, 1977, a. a. O., S. 40
[53]   VIK, Stellungnahmen der VIK, 1977, a. a. O., S. 41
[54]   VIK, Stellungnahmen der VIK, 1977, a. a. O., S. 42
[55]   VIK, Stellungnahmen der VIK, 1977, a. a. O., S. 42ff.

Die wenigen Fälle, in denen es zu Durchleitungen gekommen ist, zeichnen sich dadurch aus, dass den EVU marktmächtige Unternehmen bzw. Unternehmenszusammenschlüsse gegenüberstanden. Einzelunternehmen gelang die Durchleitung nur, wenn sie die Möglichkeit der Drohung hatten, die Monopolstellung der EVU zu umgehen. Typische Ausgangssituation, um ein Durchleitungsbegehren durchzusetzen waren:[56]

1. Die Möglichkeit einer Eigenerzeugung im Inselbetrieb, also ohne Inanspruchnahme des EVU.

2. Die Möglichkeit eigenen Leitungsbaues ohne Inanspruchnahme der Kreuzung öffentlicher Straßen, z. B. auf eigenen Bahndämmen oder anderem Gelände.

3. Die Möglichkeit des Baues eigener Verbundleitungen mit Duldung der zuständigen Energieaufsichtsbehörden (§ 4 EnWG).

4. Das Verfügungsrecht der Durchleitungswilligen über Objekte, deren Übernahme für die EVU uninteressant war, wie Versorgungsrechte in Gemeindegebieten, Werkssiedlungen.

Die bisherigen Ausführungen hinsichtlich der Durchleitung zeigen, dass die gesamtwirtschaftlichen Effekte positiv sind. Die Netzbetreiber würden davon profitieren, dass die Vermaschung des Transportnetzes zunimmt und durch neue Einspeisestellen eine Effizienzsteigerung des Transportnetzes erreicht werden könnte. Wenn man bedenkt, dass die Präambel des EnWG als eindeutiges Ziel eine möglichst „billige" Stromversorgung fordert, so erscheint die Verweigerung der Durchleitungsbegehren seitens der öffentlichen EVU kontraproduktiv. Zudem wenn man berücksichtigt, dass die öffentlichen EVU einerseits das Gemeinwohl in den Vordergrund stellen, andererseits eine mögliche Kostensenkung aufgrund der Durchleitungsbegehren verhindern. Auch hier wird anscheinend der Machterhalt um jeden Preis in den Vordergrund gestellt. Die Monopolsituation sollte scheinbar auf jeden Fall unangetastet bleiben, um damit einen freien Wettbewerb auszuschließen. Auch die stetig vorgebrachten Forderungen seitens der VIK hinsichtlich der Gestattung der Durchleitung, konnten im Zuge der Novellen des GWB keine eminente Änderung erreichen. Eine Wende konnte erst durch die Liberalisierungsforderungen der Einheitlichen Europäischen Akte von 1987 erreicht werden. Wobei sich die Durchleitung auch zum heutigen Zeitpunkt als sehr problematisch erweist, da die kostengerechte Berechnung eines Durchleitungsentgeltes sehr schwierig ist.

---

[56]   VIK, Stellungnahmen der VIK, a. a. O., 1977, S. 43ff.

Allerdings liegt das Problem darin, dass keine absolute Transparenz der Durchleitungsentgelte vorliegt, und die Netzbetreiber vielfach versuchen die Konkurrenz durch hohe Entgelte zu behindern.

3 Verhandelter Netzzugang

3.1 Realisierung des verhandelten Netzzugangs

Nach der endgültigen Liberalisierung des Strommarktes 1998, mit der Neufassung des Energiewirtschaftsgesetzes, wurde im EnWG der verhandelte
Netzzugang festgeschrieben. Dadurch sollte ein möglichst marktorientier-
ter Zugang aller Wettbewerber zu den Übertragungs- und Verteilernetzen ermöglicht werden. Deshalb ist der verhandelte Netzzugang dadurch
gekennzeichnet, dass die Unternehmen untereinander jeweils darüber verhandeln, zu welchen Konditionen die Wettbewerber Zugang zu den Netzen
erhalten. Dabei sind allerdings die Forderungen des EnWG zu beachten,
die einen diskriminierungsfreien Zugang voraussetzen. Der Netzbetreiber
hat dabei das Netz zu Bedingungen und Preisen zur Verfügung zu stellen,
die nicht ungünstiger sind, als sie von ihm in vergleichbaren Fällen für Leistungen innerhalb seines Unternehmens oder gegenüber verbundenen oder
assoziierten Unternehmen tatsächlich oder kalkulatorisch in Rechnung gestellt werden.[1] Hierbei ist aber insbesondere die dreistufige Marktstruktur
(vgl. S. 21) zu berücksichtigen. Insbesondere die große Anzahl der lokalen EVU (vgl. S. 21) sind an einem Wettbewerb in ihren Verteilernetzen
nicht besonders interessiert, da sie selber kaum Möglichkeiten haben ihr
Versorgungsgebiet zu erweitern. Um den gesetzlichen Vorgaben gerecht zu
werden, die eine Liberalisierung einfordern und damit auch den diskriminierungsfreien Netzzugang voraussetzen, haben sich die Vertreter der
betroffenen Verbände in einer gemeinsamen Verbändevereinbarung geeinigt. Diese wurde am 22.05.1998 vom BDI, dem VIK und dem VDEW
paraphiert.

---

[1] VDEW

3.2 Verbändevereinbarung I

3.2.1 Inhalt der Verbändevereinbarung I

Die „Verbändevereinbarung I (VV I) über Kriterien zur Bestimmung von Durchleitungsentgelten" wollte damit eine Grundlage als Verhandlungsbasis für frei auszuhandelnde Vereinbarungen zwischen Unternehmen der Elektrizitätswirtschaft und Elektrizitätskunden über den Netzzugang auf Vertragsbasis (NTPA = Negotiated Third Party Access) und die entsprechenden Netznutzungsentgelte zur Ausfüllung der Richtlinie Elektrizität 96/92/EG und ihrer Umsetzung in deutsches Recht schaffen.[2] Die Vereinbarung soll den Wettbewerb zwischen Unternehmen der Elektrizitätswirtschaft um die Belieferung von Elektrizitätskunden fördern und zur Erzielung wettbewerbsgerechter Preise für den Produktionsfaktor Elektrizität am Standort Deutschland beitragen. Die Unternehmen der Elektrizitätswirtschaft werden, soweit sie in der Bundesrepublik Deutschland Übertragungs- oder Verteilungsnetze betreiben, in Vertragsverhandlungen mit Durchleitungsinteressenten eintreten und Durchleitungsverträge abschließen.[3] Zur Erfüllung der vorgenannten Forderungen werden in der Verbändevereinbarung zunächst allgemeine Kriterien angesprochen und danach die expliziten Bestimmungen der Durchleitungsentgelte vorgenommen. Innerhalb der allgemeinen Kriterien wird nochmals die Forderung getroffen, dass „Durchleitungen und die damit verbundenen Entgelte ... für alle Netzbenutzer diskriminierungsfrei zu gestalten"[4] sind. Zudem „dürfen die Eigentumsverhältnisse an den Netzen keine Behinderung für Durchleitungen darstellen"[5]. Ein wesentlicher Aspekt wird damit getroffen, dass für eine Netznutzung „mit dem jeweiligen Netzbetreiber vertragliche Beziehungen am Einspeise- und Entnahmepunkt einer Durchleitung (vgl. S. 39) eingegangen"[6] werden. Mit dieser Vereinbarung wird bereits deutlich, dass jede Durchleitung für sich betrachtet wird und deshalb jeweils eines eigenen Vertrages bedarf. Die expliziten Aussagen für die Kostenermittlung zur Bestimmung der Entgelte beinhalten:[7]

• Das Entgelt für Durchleitungen wird auf der Basis der Kosten des vorhandenen Netzes jedes Netzeigentümers, nach Kostenstellen erfasst, ermittelt.

---

[2] Verbändevereinbarung I, Einleitung
[3] ebenda
[4] Verbändevereinbarung I, Abschnitt 1.1
[5] Verbändevereinbarung I, Abschnitt 1.2
[6] Verbändevereinbarung I, Abschnitt 1.3
[7] Verbändevereinbarung I, Abschnitt 2.1

- Je nach Struktur kann, soweit sachgerecht, eine regionale Differen-
  zierung nach Netzbereichen vorgenommen werden.

- Umspannungen werden separat verrechnet. Sie erfolgen zwischen
  Übertragungs- und Hochspannungsnetz, Hochspannungs- und Mittelspannungsnetz sowie Mittelspannungs- und Niederspannungsnetz.

- Für die vorhandenen Netze und Umspannungen werden je Netzbetreiber und Netzbereich die spezifischen Jahreskosten (Jahresleistungspreis) in DM/kW durch Division der Kosten des jeweiligen
  Netzbereichs durch die Jahreshöchstlast, verursacht durch die zugehörigen Entnahmen, ermittelt.

- Die Kosten für erforderliche Systemdienstleistungen werden separat
  erfasst.

Als Systemdienstleistungen werden die für die Funktionstüchtigkeit des
Systems unvermeidlichen Dienstleistungen bezeichnet, die zur Übertragung und Verteilung elektrischer Energie notwendig sind und die Qualität
der Stromversorgung bestimmen. Zu den Systemdienstleistungen gehört
insbesondere nicht die Dauerreserve. Entgelte für Systemdienstleistungen
werden nach Art und für die einzelnen Spannungsebenen differenziert aus-
gewiesen. Der Gleichzeitigkeitsgrad des Entnehmernetzes wird berücksichtigt.[8] Im weiteren werden dann allgemeine Grundsätze für die Berechnung
von Entgelten aufgestellt. Hier kommt erneut die Einzelbetrachtung einer Durchleitung zur Geltung, da die „Durchleitungsentgelte ... für die in
Anspruch genommenen Netzbereiche im Übertragungs- und in den Verteilernetzen, sowie für jeweils zwischen liegende Umspannungen und Systemdienstleistungen"[9] berechnet werden. Da besonders bei der Versorgung von Haushaltskunden einer Region mehrere Entnahmepunkte entstehen, die alle die gleichen Spannungsebenen und zugehörigen Umspannungen nutzen, darf das Durchleitungsentgelt in solchen Fällen nur einmal
in Rechnung gestellt werden. Um festzulegen, welche Spannungsebenen
und damit auch welche Umspannungen jeweils benötigt werden, wird die
Luftlinienentfernung zwischen Einspeise- und Entnahmepunkt zugrunde
gelegt. Diese Entfernungen werden dann mit wissenschaftlich ermittelten
Durchschnittswerten verglichen und geben Aufschluss darüber, bis zu welchen Entfernungen mit welcher Nutzung von Spannungsebenen zu rechnen
ist.[10] Bei der Ermittlung der Durchleitungsentgelte wird differenziert hinsichtlich dem Übertragungsnetz und dem Verteilernetz. Für die Nutzung

---

[8]   Verbändevereinbarung I, Anhang 1
[9]   Verbändevereinbarung I, Abschnitt 2.2.1
[10] Verbändevereinbarung I, Abschnitt 2.2

des Übertragungsnetzes, des 110 kV, 220 kV oder 380 kV Netzes, wird
„bis zu einer Entfernung von 100 km der Mittelwert der Strukturjahresleistungspreise [DM/kW.a] der Übertragungsnetzbetreiber an der Einspeise-
und Entnahmestelle"[11] verwendet. Bei Entfernungen darüber hinaus, wird
zusätzlich „der bundesweit einheitliche Entfernungsjahresleistungspreis -
[DM/kW.km.a]"[12] berechnet. Für die Berechnung der angeführten Leistungspreise gilt:[13]

- Der Strukturjahresleistungspreis wird von jedem Netzbetreiber ermittelt aus den spezifischen Jahreskosten des Netzbereiches in
  DM/kW.a abzüglich der Gesamterlöse aufgrund des in Rechnung
  gestellten Entfernungsjahresleistungspreises, dividiert durch die Jahreshöchstlast des betroffenen Netzbereiches. Hierin ist die Umspannung in das unterlagerte Verteilungsnetz nicht enthalten.

- Die Höhe des Entgelts für den Entfernungsjahresleistungspreis ist
  für alle Netzbereiche in der Übertragungsebene einheitlich. Es beträgt bei Abschluss der Verbändevereinbarung 0,125 DM/kW.km.a
  entsprechend 12,50 DM/kW.100 km.a. Es wird jährlich angepasst im
  gleichen Verhältnis, wie sich der arithmetische Mittelwert der Strukturjahresleistungspreise der Übertragungsnetzbetreiber ändert.

Die Ermittlung der Durchleitungsentgelte im Verteilernetz (<= 110
kV) erfolgt „für jede Spannungsebene ... eingliedrig als Pauschalpreis
[DM/kW.a] entsprechend den spezifischen Jahreskosten der in Anspruch
genommenen Netzbereiche"[14]. Die Kosten für die Umspannung aus der
höher liegenden Spannungsebene sind hier ebenfalls nicht eingeschlossen.
Entsprechend der bereits genannten Kriterien für die Kostenermittlung,
werden die in Anspruch genommenen Spannungsebenen auf der Grundlage der Entfernung von Entnahme- und Einspeisepunkt ermittelt. Wobei
die niedrigste Spannungsebene die „tatsächliche Übergabestelle auf der
Entnahmeseite"[15] ist. Sofern die Spannungsebene des Einspeisepunktes
auf einem höheren Niveau als der Entnahmepunkt liegt, ist grundsätzlich
die entsprechende Umspannung mit zu berechnen. Innerhalb der Verbändevereinbarung wird noch auf folgende Kosten eingegangen:[16]

---

[11]   Verbändevereinbarung I, Abschnitt 2.3.2
[12]   Verbändevereinbarung I, Abschnitt 2.3.2
[13]   Verbändevereinbarung I, Abschnitt 2.3
[14]   Verbändevereinbarung I, Abschnitt 2.4.1
[15]   Verbändevereinbarung I, Abschnitt 2.4.6
[16]   Verbändevereinbarung I, Abschnitt 2

1. Kosten der Umspannung

   a) Das jeweilige Entgelt wird von den Netzbetreibern aus den Jahresdurchschnittskosten der jeweiligen Umspannung, getrennt nach Umspannungsebenen ermittelt und in geeigneter Form bekannt gegeben.

   b) Für die Berücksichtigung der Umspannungen sind fallweise die zugehörigen Verteilungsebenen maßgeblich, die auch für die Berechnung des Durchleitungsentgelts herangezogen werden.

2. Systemdienstleistungen

   a) Systemdienstleistungen sind, getrennt nach Art und Anfall der Kosten, auf der Einspeise- bzw. Entnahmeseite als Jahresentgelt, Jahresleistungspreis und Arbeitspreis zu vergüten.

   b) Die Netzbetreiber werden angemessene Entgelte für die von ihnen zwingend beizustellenden Systemdienstleistungen ermitteln und nennen.

3. Verluste

   a) Die mit einer Durchleitung verbundenen elektrischen Verluste werden zusätzlich in Rechnung gestellt.

   b) Die Höhe der zu berücksichtigenden Verluste richtet sich nach den durchschnittlichen Verlusten, die beim jeweiligen Netzbetreiber in den für den jeweiligen Durchleitungsfall maßgeblichen Spannungsebenen und bei den Umspannungen entstehen. Das Entgelt dafür richtet sich nach den üblichen Strombeschaffungskosten beim Netzbetreiber.

Da sich die EVU aufgrund der Liberalisierung nunmehr im Wettbewerb befinden, wurde schon von den Verbändevertretern vorausgesehen, dass es zu unterschiedlichen Ansichten aller beteiligten Unternehmen kommen wird. Zur einverständlichen Beilegung von Meinungsverschiedenheiten im Zusammenhang mit Durchleitungsverträgen und der Bestimmung von Durchleitungsentgelten richten die Verbände eine Clearingstelle ein.[17] Die Einleitung rechtlicher Schritte bleibt davon unberührt, soll aber erst als letzte Möglichkeit betrachtet werden. Der Verbändevereinbarung I wurde eine Laufzeit bis zum 30.09.1999 zugedacht. Bis zu diesem Zeitpunkt sollte eine neue Verbändevereinbarung ausgearbeitet werden, die auf den Erfahrungen der vorigen Regelung basiert.

---

[17] Verbändevereinbarung I, Abschnitt 3

3.2.2 Grundlegende Eigenschaften der VV I

Mit der 1. Verbändevereinbarung wurde absolutes Neuland betreten, da bis
zu diesem Zeitpunkt kein echter Wettbewerb zwischen den EVU herrschte.
Die getroffenen Vereinbarungen mussten in der Praxis erprobt werden,
um feststellen zu können, ob der Anspruch eines diskriminierungsfreien
Netzzuganges erreicht wird. Um einen Vergleich mit den nachfolgenden
Vereinbarungen machen zu können und die grundlegenden Merkmale der
VV I zu erfassen, sind diese wie folgt zusammengefasst:[18]

- Durchleitung

- Transaktionsbezogenheit

- Durchleitungsentgelte auf Basis individueller Kosten

- Entgelte nur für benutzte Netzbereiche

- Entfernungsabhängigkeit (Entf. > 100 km)

Aufgrund der Definition einer Durchleitung (vgl. S. 39) wird klar, dass
jede Durchleitung einzeln betrachtet wird. Dadurch muss die entnommene Menge auch der eingespeisten Energiemenge entsprechen, was aufgrund
von Nachfrageschwankungen eine Problematik darstellt. Die VV I verweist
bei diesem Problem auf mögliche Zusatzvereinbarungen, diese bedeuten in
der Regel aber einen erheblichen Mehrpreis für den zusätzlich benötigten Strom. In engen Zusammenhang mit dem Aspekt Durchleitung ist
ebenfalls die Transaktionsbezogenheit zu sehen. Für jede Transaktion von
einem Einspeise- zu einem Entnahmepunkt ist demnach jeweils eine vertragliche Regelung zu treffen. Die Regelungen hinsichtlich der Bestimmung
der Entgelte sind besonders durch das Prinzip der individuellen Kosten gekennzeichnet, da bei der transaktionsbezogenen Betrachtung, jeweils die
individuellen Kosten aufgrund der Durchleitung berücksichtigt werden sollen. Damit verbunden ist die Berechnung der Entgelte für benutzte Netzbereiche, welche nochmals die explizite Berechnung der genutzten Netzbereiche betont. Außerdem beinhaltet die VV I eine Forderung nach einer
entfernungsabhängigen Berechnung der Entgelte, zumindest im Übertra-
gungsnetzbereich bei Entfernungen über 100 km. Die Komplexität der VV
I hinsichtlich der Berechung der Entgelte stellte während der Anwendung
der Vereinbarung für die beteiligten Unternehmen ein Hindernis für den

---

[18]   Fachtagung GridCode 2000, Heidelberg, Dr.-Ing. Rolf Windmöller

freien Wettbewerb dar. Deshalb kam es auch zu einer mehrfachen Einleitung rechtlicher Schritte, da vielfach deutlich erhöhte Durchleitungsentgelte verlangt wurden oder den Durchleitungsbegehren nicht stattgegeben wurde.

3.3 Verbändevereinbarung II

Aufgrund der Erkenntnisse, die man durch die Anwendung der Verbändevereinbarung I sammelte, wurde schnell deutlich, dass die bestehenden Handlungsvorgaben viel zu komplex waren. Ein diskriminierungsfreier Zugang war so kaum möglich, da jeder Netzbetreiber seine Entgelte für die Durchleitung individuell festlegen konnte. Hierin liegt auch die wesentliche Veränderung der Verbändevereinbarung II, da von diesem Zeitpunkt beginnend nicht mehr die einzelne Durchleitung betrachtet wurde, sondern die gesamte Netznutzung.

3.3.1 Neuerungen der Verbändevereinbarung II

Mit der neuen Vereinbarung wurden wesentliche Neuerungen eingeführt, die im Folgenden erläutert werden. Allerdings wurde auch ein Großteil der bereits im vorigen Abschnitt dargestellten Inhalte der VV I (vgl. S. 46) übernommen. Deshalb sei hier nochmals auf den vorigen Abschnitt verwiesen. Die allgemeinen Kriterien für die Gestaltung von Netznutzungsverträgen (vgl. S. 46) wurden nur geringfügig ergänzt bzw. verändert. So wurde der Begriff der Durchleitung gänzlich gestrichen und durch die Netznutzung ersetzt. Außerdem wird gefordert, dass zur Erhöhung der Transparenz, getrennt vom Stromlieferungsvertrag, grundsätzlich Netzanschlussverträge und Netznutzungsverträge mit jedem Einzelkunden abgeschlossen werden müssen.[19] Ergänzend wurde die Möglichkeit der Abweichung von der pauschalierten Berechnung des Netznutzungsentgeltes eingeführt, sofern dadurch der Bau von zusätzlichen Leitungen vermieden wird. Zudem muss dies mit dem Ziel geschehen, dass dadurch niedrige Netznutzungsentgelte für alle Netznutzer gewährleistet werden. Die Aussagen zur Kostenermittlung für die Bestimmung der Entgelte (vgl. S. 46) wurden ebenfalls nur gering modifiziert. Die Ermittlung der Netznutzungsentgelte erfolgt auf Basis der kalkulatorischen Kosten, getrennt für Netze und Umspannungen. Dabei sollen zur Beurteilung der elektrizitätswirtschaftlich rationellen Betriebsführung die Konditionen von strukturell ver-

---

[19] Verbändevereinbarung II, 1.1

gleichbaren Netzbetreibern herangezogen werden.[20] Innerhalb des Aspektes der allgemeinen Grundsätze für die Berechnung der Entgelte (vgl. S. 47) wurden grundlegende Änderungen durchgeführt. Hier wird nun das transaktionsbezogene Punktmodell für die Entgeltfindung bei der Netznutzung implementiert. Alle Netznutzer werden über ein jährliches Netznutzungsentgelt an den Netzkosten beteiligt. Mit dem Netznutzungsentgelt und ggf. dem Transportentgelt werden beim jeweiligen Netzbetreiber die Nutzung der Spannungsebene, an die der Netznutzer angeschlossen ist, und aller überlagerten Spannungsebenen abgegolten. Damit erhalten alle Netznutzer Zugang zum gesamten Netz.[21] Aufgrund dieser Regelung sind nun auch Börsen- und Spotgeschäfte möglich. Zur Ermittlung der jährlichen Netznutzungsentgelte für die individuelle Jahreshöchstlast des Kunden werden die spezifischen Jahreskosten entsprechend der Durchmischung aller Netznutzungen in den Netzen mit Gleichzeitigkeitsgraden korrigiert und können in Arbeits- und Leistungspreise umgewandelt werden.[22] Wenn auch die Entfernungspauschale (vgl. S. 48) nun vollkommen entfällt, wird die BRD in zwei Handelszonen aufgeteilt, hierbei umfasst die „Zone Nord" die Übertragungsnetze von VEAG, PreussenElektraNetz GmbH & Co. KG, VEW ENERGIE AG, HEW AG und Bewag AG, Zone „Süd" die Gebiete von EnBW Transportnetze AG, RWE Energie AG und Bayernwerk Netz GmbH). Alle Netzkunden sind entsprechend ihrem Netzanschlusspunkt einer der beiden Handelszonen zugeordnet. Bei einem Energieaustausch zwischen Handelszonen ist für den $\frac{1}{4}$-h-Saldo der ausgetauschten Energiemengen ein Transportentgelt von 0,25 Pf/kWh zu zahlen; der relevante Saldo wird je Bilanzkreis ermittelt. Analoge Entgelte werden an den Kuppelstellen des deutschen Netzes von und zum Ausland verrechnet.[23] Der Begriff Bilanzkreis zählt zu den wesentlichen Elementen der VV II und soll eingehend erläutert werden:[24]

- Bilanzkreise sind virtuelle Gebilde, für die ein Ausgleich zwischen Einspeisung und Entnahme gegenüber dem jeweiligen Übertragungsnetzbetreiber (ÜNB) durchzuführen ist. Ein Bilanzkreis besteht dabei im einfachsten Fall aus einem einzigen Netznutzer (Entnahme und Einspeisung). Es können aber auch mehrere Netznutzer (z. B. einzelne Industriestandorte) und/oder Sub-Bilanzkreise aggregiert werden.

---

[20]   Verbändevereinbarung II, 2.1.1
[21]   Verbändevereinbarung II, 2.2.1
[22]   Verbändevereinbarung II, 2.2.3
[23]   Verbändevereinbarung II, 2.2.4
[24]   Verbändevereinbarung II, Anlage 2

- Der Bilanzkreisverantwortliche übernimmt als Schnittstelle zwischen Netznutzern und ÜNB die wirtschaftliche Verantwortung für Abweichungen zwischen Einspeisungen und Entnahmen eines Bilanzkreises.

- Bilanzkreise sind hinsichtlich der Abwicklung des Bilanzausgleiches mit den Übertragungsnetzbetreibern auf Regelzonen beschränkt. Im Verhältnis zu den Netznutzern kann durch die Bilanzkreisverantwortlichen auch regelzonenübergreifend aggregiert werden. Der Bilanzkreisverantwortliche muss diese Aggregation jedoch im Verhältnis zu den jeweiligen ÜNB wieder auf Bilanzkreise für je eine Regelzone aufteilen.

- Der Bilanzkreisverantwortliche nennt dem ÜNB die zu einem Bilanzkreis aggregierten Entnahmestellen und gibt ihm eine Übersicht über das beabsichtigte Beschaffungsportfolio des Bilanzkreises (Kraftwerke innerhalb der Regelzone, bei Bezügen aus anderen Regelzonen der aggregierte Bezug je Regelzone, Mitteilung über physische Erfüllung von Börsengeschäften). Für den Bilanzausgleich (periodengenauer Abgleich zwischen Entnahme und Einspeisung) ist nur die Aggregation aller zu einem Bilanzkreis gehörigen Entnahmen und Einspeisungen relevant.

Die Einführung von Bilanzkreisen hat folgende Ziele:[25]

1. Durch die Einrichtung von Bilanzkreisen wird die Möglichkeit geschaffen, Abweichungen zwischen Einspeisungen und Entnahmen für mehrere Entnahmestellen zu saldieren und durch ihre Durchmischung zu minimieren. Verbleibende Ungleichgewichte werden vom Regelzonenbetreiber ausgeglichen (Bilanzausgleich). Die graphische Darstellung der Zusammenhänge ist in Abbildung 3.1 zu betrachten.

2. Die Regelungen zum Bilanzausgleich sollen unter der Bedingung der Aufrechterhaltung eines sicheren Systembetriebes betriebliche Mindestanforderungen definieren, kommerzielle Anreize für die Einhaltung dieser Anforderungen schaffen und die damit verbundenen Kosten der Netzbetreiber verursachungsorientiert auf alle Netznutzer verteilen helfen.

---

[25] Verbändevereinbarung II, Anlage 2

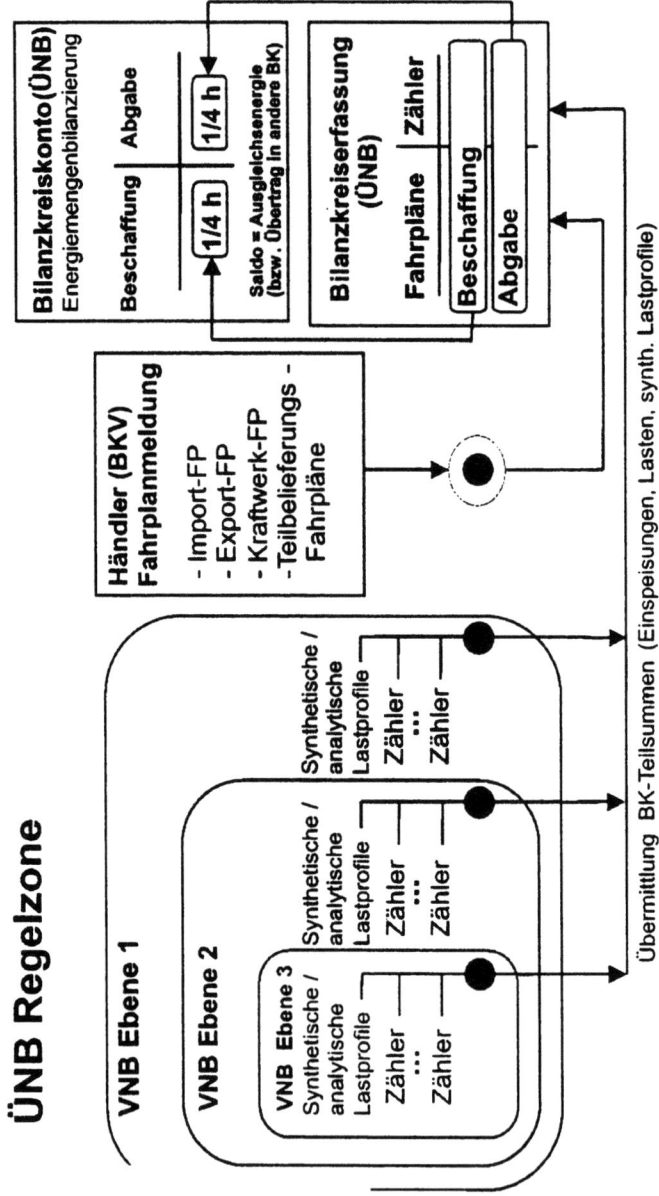

Abb. 3.1: Feststellung von Bilanzkreisabweichungen durch die ÜNB

3. Es soll gewährleistet sein, dass durch administrative, kommerzielle und andere Vorgaben die Bildung kleiner Bilanzkreise in der Praxis nicht unbillig behindert wird.

Die Bilanzkreise können jeweils in den Regelzonen der acht Übertragungs-netzbetreiber auf Kundenwunsch gebildet werden.[26] Die geographische Eingrenzung der Regelzonen ist der Abbildung 3.2 auf Seite 56 zu entnehmen. Ein weiterer Aspekt der sich aufgrund der Einführung der Bilanzkreise ergibt sind die „Toleranzbänder". Diese definieren, in welchem Bereich die entnommene Menge und die eingespeiste Menge voneinander abweichen dürfen:[27]

- Für die Gewährleistung eines sicheren Systembetriebes und den dafür erforderlichen kontinuierlichen Ausgleich von Einspeise-/Entnahmeabweichungen von Bilanzkreisen kontrahieren die Übertragungsnetzbetreiber Regel- und Reserveleistung bei Kraftwerksbe-treibern und bei Endverbrauchern mit abschaltbaren Lasten. Dabei gelten die Abweichungen zwischen Einspeisung und Entnahme innerhalb der $\frac{1}{4}$-h- Messperiode als nicht individualisierbar und werden im Rahmen der Systemdienstleistungen verrechnet.

- Für stochastische Abweichungen der zeitgleichen $\frac{1}{4}$-h-Messwerte von Einspeisung und Entnahme werden Toleranzbänder definiert, innerhalb derer nur die angefallene Regelenergie verrechnet wird. Außerhalb der Toleranzbänder wird zusätzlich Regelleistung in Rechnung gestellt.

- Das Standard-Toleranzband beträgt +/- 5% vom Bezugswert. Der Bezugswert ist die jeweilige kumulierte zeitgleiche 15-Minuten-Höchstlast eines Monats aller Entnahmestellen eines Bilanzkreises in einer Regelzone. Die Kosten für das Standard-Toleranzband von 5% sind in den Netznutzungsentgelten enthalten. Zusätzlich wird die Möglichkeit eingeräumt, ein erweitertes Toleranzband von bis zu 20% zu bestellen, das einen Maximalwert von +/- 5 MW nicht über-schreiten darf. Wird ein Toleranzband von +/- 20% in Anspruch genommen, zahlt der Bilanzkreisverantwortliche hierfür einen Preis von 50% der Systemdienstleistungskosten (d. h. z.Zt. ca. 0,15 Pf/kWh). Für ein Toleranzband von +/- 10% beträgt der Preis 25% der Systemdienstleistungskosten (z.Zt. ca. 0,075 Pf/kWh).

---

[26]   Verbändevereinbarung II, Abschnitt 3
[27]   Verbändevereinbarung II, Anlage 2

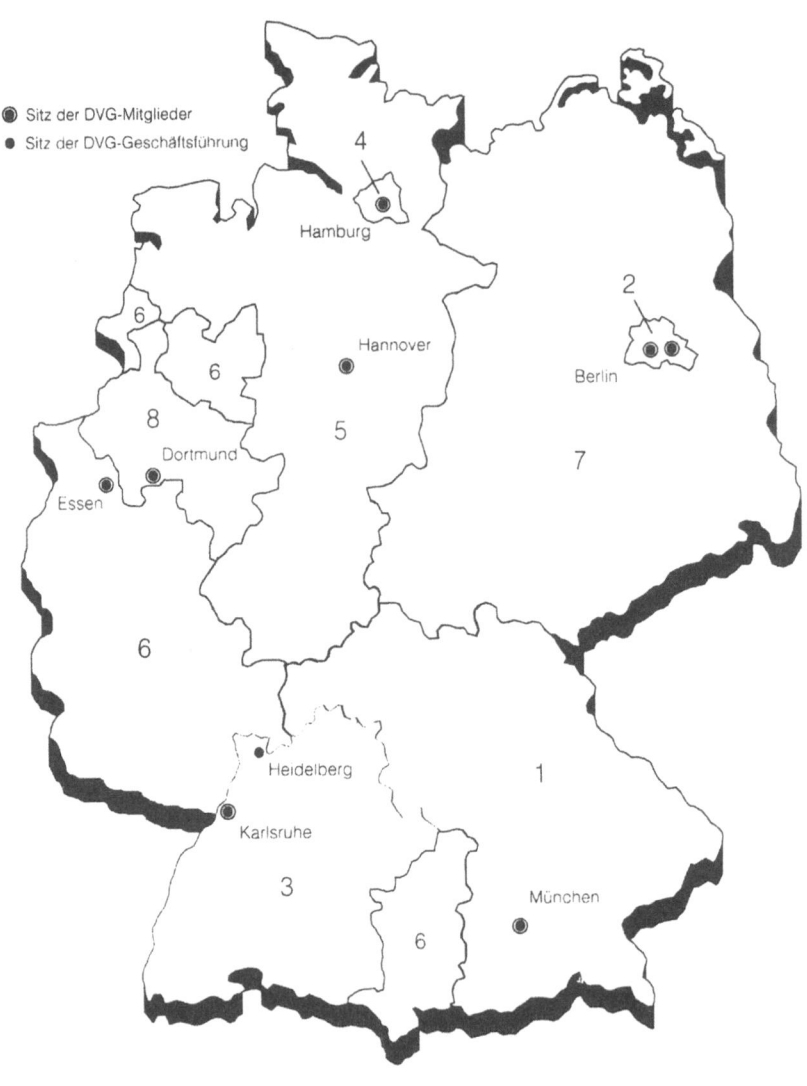

1   Bayernwerk AG
2   Bewag AG
3   EnBW Energie Baden-Württemberg AG
4   Hamburgische Electricitäts-Werke AG
5   PreussenElektra AG
6   RWE Energie AG
7   VEAG Vereinigte Energiewerke AG
8   VEW ENERGIE AG

Abb. 3.2: Regelzonen der acht ÜNB

• Andere Toleranzbreiten zwischen +/- 5% und +/- 20% ziehen entsprechend interpolierte Erhöhungen der Preise für Systemdienstleistungen (gerundet auf drei Nachkomma-Stellen) nach sich.

Aufgrund der Einführung von Bilanzkreisen entfällt damit die in der VV I beschriebene Ermittlung von Durchleitungsentgelten für das Übertragungs- und Verteilernetz (vgl. S. 47). Die VV II sieht für die explizite Berechnung der Entgelte den Oberbegriff „Kostenwälzung" vor. Dies bedeutet, dass die Kosten von der Höchstspannungsebene ausgehend berechnet werden, wobei die Kosten der darüberliegenden Ebenen jeweils in den darunterliegenden hinzugefügt werden. Hierdurch ergeben sich dann einfach zu berechnende Netznutzungspreise pro Jahr, die ebenfalls aufgrund der Jahreshöchstleistungen des Netznutzers in Arbeits- und Leistungspreise umgerechnet werden können. Die VV II formuliert dies so: Zur Ermittlung der Netznutzungsentgelte werden die Kosten vorgelagerter Netze und Umspannungen verursachungsorientiert auf die nachgeordneten Netzebenen anteilig weitergewälzt, soweit sie nicht den Netznutzern der vorgelagerten Netzebene zuzuordnen sind. Die Kosten werden entsprechend der von der vorgelagerten Netzebene bezogenen höchsten Leistung (bei mehreren Übergabestellen zeitgleich) unter Berücksichtigung eines Gleichzeitigkeitsgrades für vorgelagerte Netze und ggf. einer bestellten Netzkapazität für Reservelieferungen bei dezentralen Erzeugungsanlagen verteilt. Für Umspannungen wird ein Gleichzeitigkeitsgrad von $g = 1$ verwendet. Netznutzer und nachgeordnete Netzebenen werden gleichbehandelt.

Netznutzer mit Stromerzeugung bestellen separat zur vorzuhaltenden Netzkapazität beim Netzbetreiber Reservenetzkapazität definierter Maximalleistung mit einer zeitlichen Inanspruchnahme von bis zu 600 Stunden p. a.. Die Höhe der bestellten Reservenetzkapazität bestimmt der Netznutzer; sie kann auch Null betragen. Die bestellte Reservenetzkapazität muss unabhängig von ihrer Inanspruchnahme bezahlt werden. Beginn, voraussichtliche Dauer und Ende der Reserveinanspruchnahme müssen dem Netzbetreiber unverzüglich gemeldet und auf Verlangen nachgewiesen werden. Für die Zeit der Reserveinanspruchnahme ist die über die Jahreshöchstleistung des Normalbezugs hinausgehende Leistung maximal bis zur Höhe der bestellten Reservenetzkapazität maßgeblich.[28] Damit wird dem Netznutzer die Möglichkeit offeriert, bei Ausfall der eigenen Stromerzeugung die Reservekapazität zu nutzen. Während die Verluste innerhalb der Übertragungs- und Verteilernetze in der VV I noch explizit berechnet wurden (vgl. S. 49), werden diese nun mit dem jährlichen Netznutzungsentgelt pauschal abgegolten. Die Vorgaben für die Einrichtung einer Clearingstelle sind im We-

---

[28]   Verbändevereinbarung II, 2.3.2

sentlichen unverändert geblieben (vgl. S. 49), hier wurde nur eine Ergänzung hinsichtlich „sonstiger Meinungsverschiedenheiten" vorgenommen:[29]
Zur Schlichtung sonstiger Meinungsverschiedenheiten, z. B. über die Angemessenheit von Netznutzungsentgelten, einigen sich die Beteiligten jeweils
auf eine von den Verbänden unabhängige Schiedsstelle. Auch die Verbändevereinbarung II wurde wiederum für eine begrenzte Zeitspanne vorgesehen. Als Datum wurde hier der 31.12.2001 festgelegt mit der Auflage,
dass sich die Verbände rechtzeitig vor diesem Termin über eine neue Vereinbarung einigen. Die begrenzte Laufzeit sollte die Integration von neuen
Erfahrungen aufgrund der VV II sicherstellen.

3.3.2 Grundlegende Eigenschaften der VV II

Mit der Unterzeichnung der Verbändevereinbarung II durch den BDI, VIK
und die VDEW wurde eine wesentliche Veränderung und auch Vereinfachung des Netzzuganges für alle Beteiligten erreicht. Als eminente Eckpunkte der VV II sind zu benennen:

- Netznutzung; Bilanzkreise

- Einführung eines transaktionsunabhängigen Netzpunkttarifs

- Trennung der kaufmännischen Beziehungen vom physikalischen Last-
  fluss und damit Börsentauglichkeit des Modells

- Allgemeine Grundsätze für die Ermittlung von Netznutzungsentgelten; Vergleichsmarktprinzip

- Berücksichtigung aller vorgelagerten Netzbereiche

- Entfernungsunabhängigkeit der Netznutzungsentgelte

Die bedeutendste Neuerung ist hierbei die Möglichkeit der Bildung von
Bilanzkreisen und damit auch der Begriff Netznutzung. Damit wird die
Höchstspannungsebene zum zentralen Handelspunkt. Jeder Netznutzer
kauft im Rahmen der von ihm benötigten Gesamtleistung seinen Netzzugang und kann dann frei entscheiden, von wem er die Energie beziehen
will, ohne dass dies auf sein Netznutzungsentgelt Auswirkungen hat. Der
Handelspunkt, an welchem ohne einschränkende Entfernungsabhängigkeit
elektrische Energie gehandelt wird, ist künftig das Hochspannungsnetz innerhalb einer Handelszone. Lediglich beim Überschreiten der Grenzen der
Handelszone - auch im Verhältnis zu Nachbarstaaten - werden Entgelte

---

[29]   Verbändevereinbarung II, Abschnitt 5.7

auf den Saldo der Lieferungen berechnet. Hiermit verknüpft ist ebenfalls die Transaktionsunabhängigkeit, die sich aufgrund der Bilanzkreise ergibt und letztlich dazu beiträgt, dass nun eine Börsentauglichkeit gegeben ist. Mit den allgemeinen Grundsätzen für die Ermittlung der Netznutzungsentgelte wird nun die Möglichkeit geringer, deutlich überhöhte Entgelte zu fordern. Diese Gefahr war in der VV I, aufgrund der Möglichkeit der individuellen Berechnung, wesentlich größer. Die Preisbildung erfolgt auf der Basis folgender drei Elemente:[30]

- Kalkulatorische Kosten- und Erlösrechnung

- Handelsrechtlicher Jahresabschluss ggf. bezogen auf die entbündelten Bereiche Übertragung und Verteilung

- Übertragungs- und Verteilungspreise strukturell vergleichbarer Netzbetreiber.

Außerdem können überhöhte Entgelte auch durch das Vergleichsmarktprinzip aufgedeckt bzw. verhindert werden. Die Anwendung des Prinzips ist allerdings mit diversen Schwierigkeiten verbunden, da die betroffenen Unternehmen häufig auf regionale Besonderheiten verweisen, die einen Vergleich erschweren (vgl. S. 78). Mit der Berücksichtigung der vorgelagerten Netzbereiche aufgrund der Kostenwälzung (vgl. S. 57) wird die Berechnung der Netznutzungsentgelte ebenfalls vereinfacht. Gleiches gilt für die Abschaffung der entfernungsabhängigen Entgelte, wie sie in der VV I noch für das Übertragungsnetz zu zahlen waren, zumindest bei Entfernungen über 100 km. Die Verbändevereinbarung II bedeutete einen Paradigmenwechsel, da sie aufgrund ihrer Transaktionsunabhängigkeit nicht nur eine wesentliche Vereinfachung der Netznutzungsentgelte ermöglichte, sondern nun auch die Börsenfähigkeit gegeben war. Allerdings hat sich wiederum auch bei der VV II gezeigt, dass ein vollkommen diskriminierungsfreier Netzzugang in der Praxis nicht vorhanden ist.

3.4 Verbändevereinbarung II plus

Am 13. Dezember 2001 wurde von den Verbänden BDI, VIK, VDEW, VDN, ARE und VKU die neue Verbändevereinbarung VV II plus unterzeichnet. Die Vereinbarung wurde notwendig, da die Verbändevereinbarung II nur bis zum 31.12.2001 gültig war. Wie bereits der Name „Verbändevereinbarung II plus" suggeriert, wurden nur geringfügige Änderungen vorgenommen. Die eminenten Eigenschaften der vorigen Vereinbarung

---

[30]   Verbändevereinbarung II, Anlage 3

blieben damit in Kraft und wurden nur ergänzt. Das Ziel der neuen Vereinbarung ist es die Vergleichbarkeit und Transparenz der Netznutzungsentgelte zu erhöhen. Außerdem sollen die Versorgerwechsel, primär der
Privathaushalte, vereinfacht werden.

3.4.1 Neuerungen der Verbändevereinbarung II plus

Die derzeitige Vereinbarung ist noch nicht vollständig ausgearbeitet worden. Deshalb sind Praxisgruppen eingesetzt worden mit dem Ziel „möglichst bis zum 01.04.2002 Vorschläge zu Muster- bzw. Rahmenverträgen
für die Bereiche Netzanschluss und Netznutzung sowie Leitlinien zu Bi-
lanzkreisverträgen vorzulegen"[31]. Wenn man bedenkt, dass die Verbändevereinbarung nur bis zum 31.12.2003 gültig ist, ist es bemerkenswert, dass
der Termin nur „möglichst" eingehalten werden soll.

Innerhalb der allgemeinen Kriterien wurden Ergänzungen getroffen, die
sowohl den Privatkunden bzw. Tarifkunden als auch den Industriekunden
dienen sollen. Für die Privatkunden wurden dabei folgende Ergänzungen
getroffen: Bei Vorlage eines All-inclusive-Vertrages zur Stromversorgung
eines Einzelkunden hat der Stromlieferant Anspruch auf den zeitnahen Abschluss eines Netznutzungsvertrages mit dem Netzbetreiber. In diesem Fall
entfällt der Abschluss eines Netznutzungsvertrages zwischen Netzbetreiber
und Einzelkunden. Der Netzbetreiber kann in begründeten Fällen für die
Netznutzung vom Schuldner des Netznutzungsentgelts eine angemessene
Sicherheitsleistung verlangen. Wenn der Einzelkunde es wünscht, wird -
zeitnah - der Netznutzungsvertrag zwischen ihm und dem Netzbetreiber
abgeschlossen. In diesem Fall schließt der Einzelkunde mit dem Stromlie-
feranten einen reinen Stromlieferungsvertrag ab.[32] Da die Aussage „zeitnah" ein sehr dehnbarer Begriff ist, wird dieser noch weiter ausgeführt. Die
Netzbetreiber werden, sofern die für ein Angebot erforderlichen Unterlagen
der Anfrage beigefügt sind, innerhalb von 2 Wochen nach Eingang einer
Netznutzungsanfrage entsprechende Vertragsangebote unterbreiten (Ausnahmen: Anfragen, die eine bauliche Änderung am Anschluss erforderlich
machen; eine Identifikation der betroffenen Kunden ist nicht möglich).[33]
Weiterhin soll sichergestellt werden, dass der Abschluß von Netznutzungsverträgen nicht aufgrund von Detailschwierigkeiten verhindert wird. Im
Fall von Meinungsverschiedenheiten über die Angemessenheit einzelner
Bestimmungen in die Netznutzung betreffenden Verträgen können solche Bestimmungen unter den Vorbehalt einer Nachprüfung im Rahmen

---

[31] Verbändevereinbarung II plus
[32] Verbändevereinbarung II plus, Allgemeine Kriterien, Abschnitt 1.1
[33] Verbändevereinbarung II plus, Allgemeine Kriterien, Abschnitt 1.1

eines Schlichtungsverfahrens, einer behördlichen oder gerichtlichen Überprüfung gestellt werden, ohne dass dies zu einer Verweigerung der Netznutzung oder von Entgeltzahlungen auf Basis der Verbändevereinbarung führen darf.[34] Aufgrund der besonderen Leistungsinanspruchnahme von Industriekunden wurden entsprechende Ergänzungen für die Berechnung der Entgelte gemacht:[35]

- Für Netzkunden mit einer zeitlich begrenzten hohen Leistungsaufnahme, die in der übrigen Zeit eine deutlich geringere oder keine Leistungsaufnahme gegenüber steht, ist alternativ zum Jahresleistungspreissystem eine Abrechnung auf Basis von Monatsleistungspreisen möglich.

- Die Monatsleistungspreise betragen ein Sechstel der Jahresleistungspreise für die hohe Benutzungsdauer, die aus dem allgemein gültigen Preissystem für die jeweilige Spannungsebene hervorgehen. Entsprechend kommen im Monatsleistungspreissystem die Arbeitspreise für die hohe Benutzungsdauer zur Anwendung.

- In einem Fall, in dem aufgrund vorliegender Verbrauchsdaten offensichtlich ist, dass der Höchstlastbeitrag des Netzkunden vorhersehbar erheblich von den Preisfindungsgrundsätzen nach dieser Vereinbarung abweicht, soll zwischen Netzbetreiber und Netznutzer vor Lieferung ein Netznutzungsentgelt vereinbart werden, dass die besonderen Verhältnisse angemessen berücksichtigt werden. Tritt diese Abweichung wider Erwarten nicht ein, erfolgt rückwirkend eine Abrechnung auf Basis der Preisfindungsgrundsätze.

Neben diesen Erweiterungen wurden noch Bestimmungen getroffen, die sicherstellen sollen, dass die Verbände einheitliche Datenformate und Regelungen für den Datenaustausch treffen. Damit soll die Zusammenarbeit zwischen den Netzbetreibern und Netznutzern erleichtert werden. Da die Netzbetreiber meist in vertikale Unternehmen integriert sind bzw. aufgrund der Forderung des „Unbundlings" waren, besteht die Gefahr, dass die Netzbetreiber sensible Informationen an ihre Muttergesellschaft weitergeben. Deshalb „ist es Betreibern von Stromübertragungsnetzen und Stromverteilungsnetzen untersagt, wirtschaftlich sensible Informationen, die sie von Dritten im Zusammenhang mit der Gewährung der Netznutzung oder in Verhandlungen hierüber erhalten, bei der Stromlieferung oder

---

34   Verbändevereinbarung II plus, Allgemeine Kriterien, Abschnitt 1.1
35   Verbändevereinbarung II plus, Allgemeine Kriterien, Abschnitt 1

dem Stromerwerb durch sie selbst oder verbundene oder assoziierte Unternehmen zu verwenden"[36].

Innerhalb des Abschnittes für die Kostenermittlung zur Bestimmung der Entgelte wurde nur eine Erweiterung vorgenommen, die sich aber dadurch ergibt, dass die VV II plus noch nicht völlig ausgearbeitet wurde. Deshalb wird gefordert, dass „die Verbände ... eine einvernehmliche Überarbeitung des vorliegenden Kalkulationsleitfadens auf Basis der in der Verbändevereinbarung vereinbarten Preisfindungsprinzipien in einer gemeinsamen Arbeitsgruppe ggf. unter Beteiligung eines gemeinsam bestellten externen Gutachters"[37] vornehmen. Die Neufassung soll möglichst zügig erarbeitet werden und bis zum 1. Juni 2002 von den Verbänden verabschiedet werden.[38] Erheblich erweitert wurden die Ausführungen hinsichtlich der Anwendung des Vergleichsmarktprinzips, die in der Anlage 3 der VV II plus ausführlich dargestellt werden. Aufgrund der expliziten Vorgaben, die für die Einteilung der Netzbetreiber gemacht werden, soll erstmals im Juni 2002 für jede Strukturvariante ein Mittelwert der Netznutzungsentgelte veröffentlicht werden. Verantwortlich für die Veröffentlichung ist der Verband der Netzbetreiber (VDN).
Insgesamt sind 18 Strukturvarianten vorgesehen, die aufgrund folgender Merkmale gebildet werden:[39]

- Strukturmerkmale:

  - Einwohnerdichte (NS) / Abnahmedichte (HS)
  - Verkabelungsgrad
  - Ost/West

- Strukturklasse:

  - niedrig
  - hoch

Nach der erstmaligen Veröffentlichung der Entgelte soll dann bei den Netzbetreibern, deren Entgelte „im Mittel ... innerhalb einer Streubreite der höchsten 30 % aller in einer Strukturklasse erfassten Netzentgelte liegen"[40] eine Überprüfung der Rechtmäßigkeit der erhobenen Entgelte durch eine Schiedsstelle vorgenommen werden.

---

36 Verbändevereinbarung II plus, Allgemeine Kriterien, Abschnitt 1.11
37 Verbändevereinbarung II plus, Abschnitt 2.1.1
38 Verbändevereinbarung II plus, Abschnitt 2.1.1
39 Verbändevereinbarung II plus, Anlage 3, Abschnitt 4
40 Verbändevereinbarung II plus, Anlage 3, Abschnitt 4

Der Abschnitt über die allgemeinen Grundsätze für die Berechnung der Entgelte wurde um drei Aspekte erweitert:[41]

1. Es ist Aufgabe des Netzbetreibers, die für die Abrechnung der Netznutzer relevanten Verbrauchs- bzw. Einspeisedaten zu erfassen, zu verarbeiten und an die berechtigten Stellen weiterzuleiten. Kosten für Messung und Abrechnung an den Entnahme- und Einspeisestellen werden vom Netzbetreiber separat vom Netznutzungsentgelt in Rechnung gestellt und beinhalten die Erfassung, Weiterleitung und Verarbeitung von für die turnusgemäße Abrechnung der Netznutzung relevanten Daten.

2. Sobald künftig auf europäischer Ebene einheitliche Regelungen für gesonderte Entgelte im Fall grenzüberschreitender Lieferungen in Kraft treten, gelten diese als vereinbart; die Verbände werden deren Umsetzung in Deutschland rechtzeitig einvernehmlich vereinbaren, sofern sich hierfür ein Bedarf aus der europaeinheitlichen Regelung ergibt. Kommt wider Erwarten keine europaeinheitliche Regelung zeitnah zustande, werden die Verbände über eine sachgerechte Regelung verhandeln. Sachgerecht war die Regelung nach der Verbändevereinbarung vom 13. Dezember 1999.

3. Im Sinne einer möglichst hohen Transparenz und Vergleichbarkeit der Netznutzungsentgelte erheben die Netzbetreiber, abgesehen von den in dieser Verbändevereinbarung erwähnten Entgeltkomponenten, keine weiteren Entgelte für die im Zusammenhang mit der Netznutzung nach dieser Vereinbarung regelmäßig erforderlichen Leistungen, z. B. im Zusammenhang mit der Führung und Abrechnung von Bilanzkreisen, Bilanzierungsentgelten, Fahrplänen für Energielieferungen etc. Über die Zulässigkeit der Erhebung gesonderter Entgelte im Zusammenhang mit einem Lieferantenwechsel konnte keine Einigung erzielt werden. Die Netzbetreiber verlangen bis zum Zeitpunkt einer höchstrichterlichen Entscheidung keine gesonderten Entgelte im Zusammenhang mit dem Lieferantenwechsel. Laufende Gerichtsverfahren sind hiervon unberührt.

Der Begriff Fahrplan beinhaltet eine Vereinbarung über den zeitlichen Verlauf der Einspeise- oder Entnahmeleistung je Viertelstunde. Aufgrund der neuen Verbändevereinbarung ist nun auch die in der VV II vorhandene Einteilung der BRD in zwei Handelszonen entfallen. In diesem Zusammenhang sei auch die Reduzierung der bisherigen acht Regelzonen der ÜNB

---

41   Verbändevereinbarung II plus, Abschnitt 2.2

auf nunmehr sechs erwähnt. Diese Änderungen ergaben sich aufgrund von
Fusionen der Unternehmen. Damit ergibt sich nun die in Abbildung 3.3 Seite 65 dargestellte Aufteilung. Aus dem Bereich Bildung, Abwicklung und
Abrechnung von Bilanzkreisen wurde der Aspekt der Kosten für die Bilanzkreise gestrichen. Die Verbändevereinbarung II enthielt hier den Passus,
dass die Netzbetreiber den Verursachern Kosten für die Bildung, Abwicklung und Abrechnung von Bilanzkreisen in Rechnung stellen dürfen. Diese
Möglichkeit entfällt in der VV II plus. Eine Feinheit wurde im Abschnitt
Sonderregelungen ergänzt, welches sich besonders an bestimmte Gruppen
von Kleinkunden wenden. Die dem Netzbetreiber ggf. entstehenden Kosten für Regelung und Ausgleich von Lastprofilabweichungen sind verursachungsorientiert den Kundengruppen ohne registrierende $\frac{1}{4}$-h-Zählung zuzuordnen. Bei nicht-leistungsgemessenen Abnahmestellen mit sehr hoher
Benutzungsdauer werden die Netzbetreiber angemessene Band-Lastprofile
vereinbaren.[42] Sämtliche Vorgaben der VV II hinsichtlich der Schlichtung
von Meinungsverschiedenheiten wurde mit der VV II plus nicht verändert.

3.4.2 Grundlegende Eigenschaften der VV II plus

Die Verbändevereinbarung II plus ist wie es der Name schon nahe legt
nur eine Erweiterung der vorigen Vereinbarung. Die wesentlichen Elemente wurden übernommen und um Feinheiten ergänzt. Dennoch sollen die
Eckpunkte der Vereinbarung nochmals aufgezeigt werden:

- Netznutzung; Bilanzkreise

- Transaktionsunabhängiger Netzpunkttarif

- Trennung der kaufmännischen Beziehungen vom physikalischen Last-
fluss und damit Börsentauglichkeit des Modells

- Allgemeine Grundsätze für die Ermittlung von Netznutzungsentgelten

- Explizite Vorgaben hinsichtlich der Anwendung des Vergleichsmarktprinzips

- Berücksichtigung aller vorgelagerten Netzbereiche

- Entfernungsunabhängigkeit der Netznutzungsentgelte

---

[42]   Verbändevereinbarung II plus, Sonderregelungen, Abschnitt 4.1

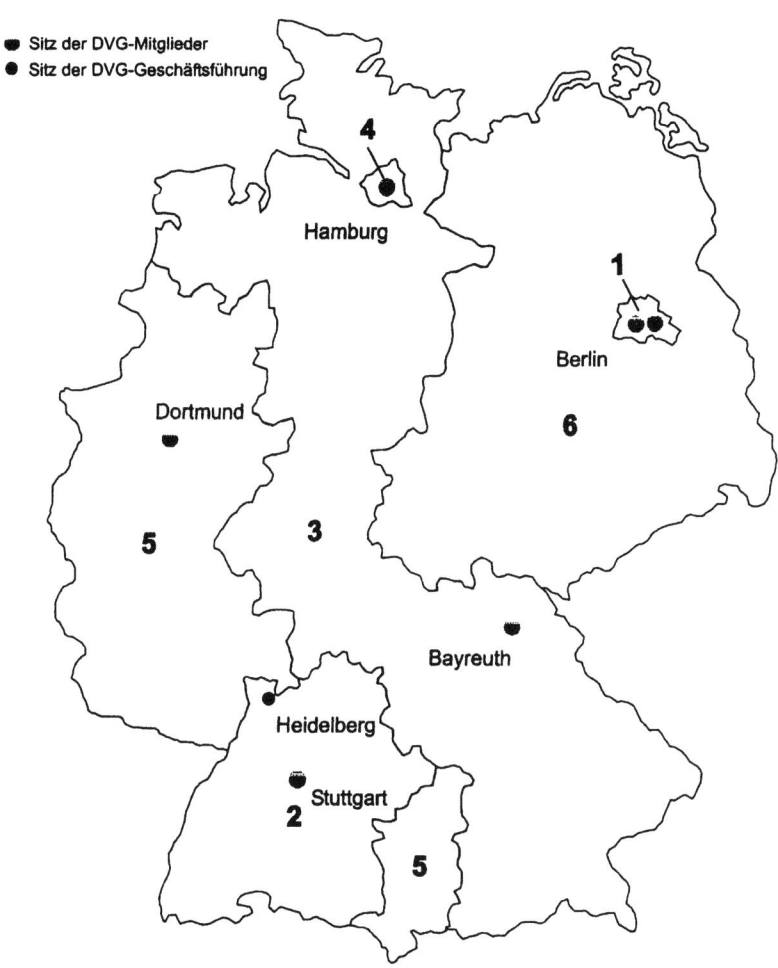

- Sitz der DVG-Mitglieder
- Sitz der DVG-Geschäftsführung

1 Bewag AG	4 Hamburgische Electricitäts-Werke AG
2 EnBW Transportnetze AG	5 RWE Net AG
3 E.ON Netz GmbH	6 VEAG Vereinigte Energiewerke AG

Abb. 3.3: Regelzonen der sechs ÜNB

Die Unterschiede liegen gegenüber der VV II im Detail, so wurden mit der
neuen Vereinbarung die Möglichkeiten für den Versorgerwechsel der Privatkunden vereinfacht, indem nun explizite Zeitabstände für die Bearbei-
tung von Netznutzungsverträgen angegeben werden. Außerdem wurden so
genannte „All-inclusive-Verträge" eingeführt, welche „die Entgelte für die
Stromlieferung bis zur Abnahmestelle einschließlich der hierfür nötigen
Netznutzung zwischen dem Lieferanten und dem Endkunden regeln, wobei der Endkunde das dafür zu entrichtende Entgelt nur dem Lieferanten
schuldet.[43] Eine Erhöhung der Transparenz der Netznutzungsentgelte sollte erreicht werden, indem die Möglichkeit der Erhebung von zusätzlichen
Entgelten, z. B. im Zusammenhang mit der Führung und Abrechnung von
Bilanzkreisen ausgeschlossen wird. Eine umfangreiche Erweiterung wurde hinsichtlich des Vergleichsmarktprinzips gemacht, welche nun zu der
Veröffentlichung von Netznutzungsentgelten führen soll, die eine explizite Einordnung der Netzbetreiber vorsieht. Hierbei sind Kriterien für die
Einordnung vorgegeben als auch ein Termin für die erste Veröffentlichung
der Preise genannt worden. Zudem sollen die Netzbetreiber mit einem ge-
mittelten hohen Netznutzungsentgelt zur Rechtfertigung dieses Entgeltes
gegenüber einer Schlichtungsstelle gezwungen werden. Ein beispielhafter
Preisvergleich ist in der Abbildung 3.4 auf Seite 67 angeführt, der auf
Eigeninitiative des VDN erstellt wurde.

Eine weitere Eigenschaft der VV II plus ist darin zu sehen, dass zum
Zeitpunkt der Unterzeichnung noch keine Einigung bzw. Lösung für die
Umsetzung von allen Aspekten der Vereinbarung gefunden worden waren.
So wird in der Vereinbarung die Einrichtung einer Praxisgruppe gefordert,
die ihre ersten Ergebnisse bezüglich der Erarbeitung von Musterverträgen für die Bereiche Netzanschluss und Netznutzung bis zum 01.04.2002
vorlegen soll. Die Grundsätze der Preisfindungsprinzipien sollen ebenfalls
überarbeitet werden. Die Überarbeitung soll von einer gemeinsamen Arbeitsgruppe zuzüglich eines externen Gutachters durchgeführt werden. Die
Ergebnisse sollen am 01.06.2002 vollkommen ausgearbeitet sein und dann
von den Verbänden unterzeichnet werden. Die bisherigen erheblichen Unterschiede bezüglich der Netznutzungsentgelte lassen sich in der Abbildung
3.4 auf Seite 67 ablesen.

Die Verbändevereinbarung II plus zeichnet sich letztlich dadurch aus,
dass sich die Verbände zu keiner wesentlichen Veränderung durchringen
konnten. Da sich schon bei der VV II zeigte, dass der diskriminierungsfreie
Netzzugang nicht erreicht wurde, ist auch mit der neuen Vereinbarung keine Veränderung der Situation zu erwarten. Allerdings bleibt abzuwarten,

---

[43]   Verbändevereinbarung II plus, Definitionen

Netznutzungsentgelte der deutschen Netzbetreiber
(alle Werte in ct/kWh; Netto); Stand: 25.01.2002

Auswertung	mit Leistungsmessung Niederspannnung			mit Leistungsmessung Mittelspannung			mit Leistungsmessung Hochspannung		
	1600 h/a	2500 h/a	4000 h/a	1600 h/a	2500 h/a	5000 h/a	2500 h/a	4000 h/a	6000 h/a
Minimum	2,30	2,30	1,51	1,64	1,64	0,59	0,58	0,43	0,34
Mittelwert	5,60	5,23	4,01	3,36	3,08	1,99	1,57	1,15	0,86
Maximum	9,78	9,06	6,57	5,12	4,74	3,22	2,45	1,65	1,37
Anzahl Netzbetreiber	290	290	290	284	284	284	36	36	36

909 Netzbetreiber

Entgelt netto in Ct/kWh

ohne Zählung/Abrechnung
ohne Konzessionsabgabe
ohne KWK
ohne Mehrwertsteuer

Abb. 3.4: Bandbreite der Netznutzungsentgelte

welche Ergebnisse die Arbeitsgruppen der Verbände für die Überarbeitung präsentieren werden. Wobei es aber erstaunlich wäre, wenn sich die Verbände innerhalb des ersten Halbjahres 2002 auf Änderungen grundsätzlicher Art einigen könnten, wenn ihnen dies während der Vorbereitung der VV II plus nicht gelungen ist.

3.5 Sonderweg des VNZ für ÜN und VN

Mit der Betrachtung der vorigen Abschnitte wurde deutlich, dass die Verbändevereinbarungen zwischen dem Übertragungsnetz und dem Verteilernetz differenzieren. Dabei umfasst das Übertragungsnetz primär die Spannungsebenen 110 kV, 220 kV und 380 kV und das Verteilernetz primär alle darunter liegenden Spannungsebenen. Bei der Betrachtung der Eigentumsverhältnisse wird ein struktureller Unterschied deutlich. Das Über-

tragungsnetz ist im Besitz der vier großen EVU - EnBw, Eon, RWE und
Vattenfall Europe - in der BRD, welche bisher in der deutschen Verbundgesellschaft organisiert waren. Mittlerweile hat sich die DVG aufgelöst und
firmiert nun unter dem Verband der Netzbetreiber, welcher nun auch alle
„kleinen" Netzbetreiber umfasst. Das Verteilernetz hingegen ist im Besitz
von einer Vielzahl „kleiner" EVU. In diesen strukturellen Unterschieden
dürfte auch ein Grund der differenzierten Betrachtungsweise liegen.

3.5.1 Differenzierte Betrachtung durch die VV I

Das transaktionsbezogene Modell der Verbändevereinbarung I sah einen
eminenten Unterschied zwischen dem Verteilernetz und dem Übertragungsnetz vor. Hierdurch wurden die Entgelte, die für die Durchleitung
(vgl. S. 39) erhoben wurden, in Abhängigkeit von der Nutzung des Verteilernetzes oder Übertragungsnetzes unterschiedlich berechnet. Die Berechnung des Entgeltes für das Übertragungsnetz setzt sich aus zwei Teilen
zusammen:[44]

- Bis zu einer Entfernung von 100 km wird der Mittelwert der
  Strukturjahresleistungspreise [DM/kW.a] der Übertragungsnetzbetreiber an der Einspeise- und Entnahmestelle zugrunde gelegt.

- Bei allen darüber hinausgehenden Entfernungen wird zusätzlich der bundesweit einheitliche Entfernungsjahresleistungspreis
  [DM/kW.km.a] berechnet.

Dabei war vorgesehen, dass die Höhe des Entgelts für den Entfernungsjahresleistungspreis für alle Netzbereiche in der Übertragungsebene einheitlich ist. Dies betrug bei Abschluss der Verbändevereinbarung I 0,125
DM/kW.km.a entsprechend 12,50 DM/kW.100 km.a.[45] Mit diesen Berech-
nungen wurde der transaktionskostenabhängige Charakter der VV I betont, indem die Berechnung der Entgelte entfernungsabhängig gestaltet
wurde. Bei der Berechnung der Entgelte für das Verteilernetz wurde keine
direkte entfernungsabhängige Komponente eingeführt, sondern die Netzbetreiber konnten einen Pauschalpreis [DM/kW.a] entsprechend den spezifischen Jahreskosten der in Anspruch genommenen Netzbereiche nach
Spannungsebenen ermitteln.[46] Allerdings wurde die Festlegung der in Anspruch genommenen Spannungsebenen aufgrund der Luftlinienentfernung

---

[44]   Verbändevereinbarung I, 2.3.2
[45]   Verbändevereinbarung I, 2.3.4
[46]   Verbändevereinbarung I, 2.4.1

vom Einspeise- zum Entnahmepunkt getroffen. Für die Zuordnung wurden dann Grenzwerte festgelegt, die sich aufgrund wissenschaftlicher Erkenntnisse ergaben. Diese Werte differenzierten zwischen Verteilernetzen in Städten und Verteilernetzen auf dem Land. Die Grenzwerte für die nächst höhere Spannungsebene lagen bei den Stadtgebieten entsprechend niedrig und dementsprechend deutlich höher in den ländlichen Regionen.

Die Entgeltberechnung erwies sich jedoch als ein großes Hemmnis für eine Liberalisierung, da die Entgelte entfernungsabhängig waren und sich dadurch erhebliche Kosten für die Durchleitung ergaben. Zudem eröffnete die Berechnung der Entgelte im Verteilernetz auf Basis der spezifischen Jahreskosten der Netzbetreiber die Möglichkeit, die eigenen Kosten deutlich überhöht anzusetzen. Hierdurch wurde eine kostendeckende Arbeit der Wettbewerber unmöglich und damit auch wirtschaftlich uninteressant.

3.5.2 Differenzierte Betrachtung durch die VV II

Mit der Unterzeichnung der Verbändevereinbarung II wurde der transaktionsbezogene Charakter der Netznutzung beendet, was sich auch schon darin widerspiegelte, dass nun nicht mehr von der Durchleitung, sondern von der Netznutzung gesprochen wird. Hierbei können die Netznutzer Bilanzkreise (vgl. S. 53) bilden, die zur Saldierung aller Entnahme- und Einspeisepunkte eines Netznutzers genutzt werden können. Dadurch werden alle Netznutzer über ein jährliches Netznutzungsentgelt an den Netzkosten beteiligt. Mit dem Netznutzungsentgelt und ggf. dem Tansportentgelt werden beim jeweiligen Netzbetreiber die Nutzung der Spannungsebene, an die der Netznutzer angeschlossen ist, und aller überlagerten Spannungsebenen abgegolten. Damit erhalten alle Netznutzer Zugang zum gesamten Netz.[47] Hintergrund des Transportentgeltes ist die Aufteilung der BRD in zwei Handelszonen: Handelszone „Nord" und Handelszone „Süd". Die regionale Einteilung erfolgte hierbei entsprechend den Besitzverhältnissen der Übertragungsnetzbetreiber, die in zwei Gruppen aufgeteilt wurden. Sofern die Handelszone überschritten werden musste, wurde ein zusätzliches Entgelt von 0,125ct/kW fällig. Dies kann man als Besonderheit des Übertragungsnetzes betrachten, da die Grenze der Handelszonen durch die Besitzverhältnisse im Übertragungsnetz bestimmt werden. Die Berechnung der Netznutzungsentgelte erfolgt beim Verteilernetz und Übertragungsnetz ansonsten nach gleichen Maßstäben. Dabei wird das Prinzip der Kostenwälzung (vgl. S. 57) angewendet:[48]

---

[47]   Verbändevereinbarung II, 2.2.1
[48]   Verbändevereinbarung I, Kostenwälzung, 2.3

- Zur Ermittlung der Netznutzungsentgelte werden die Kosten vorgelagerter Netze und Umspannungen verursachungsorientiert auf die nachgeordneten Netzebenen anteilig weitergewälzt, soweit sie nicht den Netznutzern der vorgelagerten Netzebene zuzuordnen sind.

- Die Kosten werden entsprechend der von der vorgelagerten Netzebene bezogenen höchsten Leistung (bei mehreren Übergabestellen zeitgleich) unter Berücksichtigung eines Gleichzeitigkeitsgrades für vorgelagerte Netze und ggf. einer bestellten Netzkapazität für Reservelieferungen bei dezentralen Erzeugungsanlagen verteilt.

Das Prinzip der Kostenwälzung bedeutet für den Netznutzer, dass er entsprechend der Spannungsebenen seiner Entnahmepunkte Netznutzungsentgelte zu entrichten hat. Hierin sind dann alle Gebühren der nächst höheren Spannungsebene eingeschlossen. Die unterschiedliche Erhebung der Entgelte für das Verteilernetz und das Übertragungsnetz wurde mit der VV II deutlich eingeschränkt. Obgleich die Einteilung in zwei Handelszonen noch immer einen „entfernungsabhängigen" Charakter hatte.

3.5.3 Differenzierte Betrachtung durch die VV II plus

Die VV II plus unterscheidet sich nur in wenigen Aspekten von der VV II, so dass sich auch gegenüber den Ausführungen hinsichtlich der VV II nur geringfügige Änderungen ergeben. Die Methode der Kostenwälzung wurde durch die VV II plus übernommen, was zu einer Gleichbehandlung der Berechnung der Entgelte für die Übertragungsnetze und die Verteilernetze führt. Mit der VV II plus wurde die Aufteilung der BRD in zwei Handelszonen aufgegeben, so dass sich nun innerhalb der BRD keine entfernungsabhängigen Entgelte mehr ergeben. Somit kommt es zu einer grundsätzlichen Gleichbehandlung der Entgeltberechnung für die Nutzung des Übertragungsnetzes und des Verteilernetzes.

3.6 Technische Regelungen

Aufgrund der Forderungen des diskriminierungsfreien Netzzugangs aufgrund der Liberalisierung der Elektrizitätsmärkte, sind insbesondere technische Regelungen und Standards nötig geworden. Diese sollen einerseits den uneingeschränkten Netzzugang aller Wettbewerber sichern, gleichzeitig aber auch den sicheren Betrieb der Netze nicht gefährden. Aus diesem Grund haben die entsprechenden Verbände der Elektrizitätswirtschaft Regelwerke ausgearbeitet, welche die vorgenannten Forderungen erfüllen sollen. Die nachfolgende Betrachtung soll allerdings nur die bedeutendsten Inhalte herausstellen und stichwortartig erläutern, da diese Regelwerke für eine umfassende Darstellung viel zu detaillierte Informationen beinhalten.

3.6.1 Grid-Code 2000 für das ÜN

Der Grid-Code, der die technischen Voraussetzungen für einen technisch problemlosen Betrieb der Übertragungsnetze gewährleisten soll, wurde im Juli 1998 erstmals veröffentlicht. Federführend war hier die deutsche Verbundgesellschaft, die sich zur Veröffentlichung entschloss, um den neuen Anforderungen der Verbändevereinbarung I gerecht zu werden. Deshalb war die erste Fassung des Grid-Codes auch stark von der transaktionsabhängigen Sichtweise der VV I geprägt. Zumal dort für das Übertragungsnetz auch noch eine entfernungsabhängige Entgeltberechnung vorgesehen war. Mit der neuen VV II wurde dann auch der Grid-Code den neuen Anforderungen angepasst. Aufgabe der Verbundunternehmen als Betreiber der Übertragungsnetze ist es, die technische Sicherheit und Zuverlässigkeit des Verbundsystems sowie die technische Qualität der Stromversorgung sicherzustellen und für einen diskriminierungsfreien Zugang zu ihren Übertragungsnetzen und deren Nutzung zu sorgen. Diese Aufgabe kann nur bei Einhaltung technischer Mindestanforderungen für Zugang und Nutzung der Netze erfüllt werden.[49] Die Erarbeitung der Mindestanforderungen erfolgt dabei in enger Zusammenarbeit mit der deutschen Verbundgesellschaft, die umfangreiche Erfahrungen auf dem Gebiet der Übertragungsnetze besitzt. Außerdem ist im Zuge der Liberalisierung der Strommärkte ganz Europas die Berücksichtigung der Mindestanforderungen seitens der Union für die Koordinierung des Transportes elektrischer Energie (UCTE) erforderlich. Der Grid-Code regelt allerdings keine wirtschaftlichen Fragen des Netzzuganges, sondern betrachtet nur die notwendigen technischen Regelungen. Der Grid-Code definiert folgende Pflichten und Aufgaben der Übertragungsnetzbetreiber:[50]

- Nach dem Energiewirtschaftsgesetz sind Elektrizitätsversorgungsunternehmen zu einem Betrieb ihres Versorgungsnetzes verpflichtet, der eine möglichst sichere, preisgünstige und umweltverträgliche Versorgung mit Elektrizität im Interesse der Allgemeinheit sicherstellt. Sie haben - im Rahmen ihrer öffentlich bekannt zu gebenden Bedingungen - jedermann an ihr Netz anzuschließen, außer der Anschluss wäre

---

49   Grid-Code 2000, DVG, a. a. O., S. 6
50   Grid-Code 2000, DVG, a. a. O., S. 7

ihnen aus wirtschaftlichen oder technischen Gründen nicht zumutbar.

- Darüber hinaus haben sie anderen Unternehmen ihr Übertragungsnetz zur Nutzung zur Verfügung zu stellen, außer diese wären aus betriebsbedingten oder sonstigen Gründen nachweislich nicht möglich oder nicht zumutbar. Durch die Nutzung des Übertragungsnetzes dürfen also insbesondere nicht die Betriebssicherheit des Elektrizitätsversorgungssystems und eine ausreichende Versorgungszuverlässigkeit gefährdet werden.

- Um dies zu ermöglichen, haben die ÜNB u. a.:

  - Gegenüber dem UCTE-Synchronverbund die Pflicht und daher das Recht, bei Gefahr für die Systemsicherheit, z. B. durch das Auftreten von Ringflüssen, einzugreifen und ggf. Übertragungen, Einspeisungen oder das plötzliche Hoch-/Herunterfahren von Kraftwerken oder stark wechselnde Lieferungen/Bezüge zu untersagen.

  - Ein dem Stand der Technik entsprechendes, normgerecht bemessenes, zuverlässiges Netz vorzuhalten, das eine den Normen entsprechende Spannungsqualität für die angeschlossenen Kunden ermöglicht.

  - Ihre Netzanlagen entsprechend ihrer Systemverantwortung und unter Beachtung der technischen Vorschriften und Normen zu planen, auszubauen, instand zu halten und zu betreiben.

  - Wirtschaftliche Netzkonzepte unter Berücksichtigung der aktuellen Last- und Erzeugungssituationen sowie der prognostizierten Bedürfnisse der angeschlossenen Netznutzer zu erstellen.

Der Grid-Code geht sehr detailliert auf die notwendigen Mindestanforderungen ein, hierbei wird in folgende Bereiche unterschieden:

1. Anschlussbedingungen

2. Netznutzung

3. Systemdienstleistungen

4. Netzausbau

5. Betriebsplanung und Betriebsführung

Die Anschlussbedingungen dienen der Sicherstellung eines „nutzerseitig bedarfsgerechten Anlagenbetriebes bei gleichzeitiger Vermeidung unzulässiger Rückwirkungen auf den allgemeinen sicheren Betrieb des Übertragungsnetzes und die Versorgung aller angeschlossenen Kunden"[51]. Die Ausführungen bezüglich des Netzzuganges beschreiben die erforderlichen organisatorischen Regelungen, um eine Netznutzung zu ermöglichen. Wesentliches organisatorisches Element ist der Bilanzkreis (vgl.S. 53), der von den Netznutzern zur Saldierung ihrer Entnahme- und Einspeisepunkte genutzt werden kann. Dabei ist für die Netznutzer insbesondere die Forderung nach einer frühzeitigen Anmeldung von gewünschten Übertragungsdienstleistungen relevant. Demnach müssen alle Fahrpläne (vgl. S. 63) bis spätestens 14:30 des vorhergehenden Tages angemeldet werden und sind danach nicht mehr änderbar. Mit dem Aspekt Systemdienstleistungen werden in der Elektrizitätsversorgung diejenigen für die Funktionstüchtigkeit des Systems unvermeidlichen Dienstleistungen bezeichnet, die Netzbetreiber für die Kunden zusätzlich zur Übertragung und Verteilung elektrischer Energie erbringen und damit die Qualität der Stromversorgung bestimmen:[52]

- Frequenzhaltung,

- Spannungshaltung,

- Versorgungswiederaufbau,

- Betriebsführung.

Die Sicherstellung der aufgeführten Aspekte ist jedoch nicht nur durch die ÜNB zu leisten, sondern auch die Verteilernetzbetreiber sind hier mit in der Verantwortung. Wobei hiervon die Frequenzhaltung auszunehmen ist, da diese durch die UNB sichergestellt werden muss. Aufgrund der Kriterien, die für den Netzausbau seitens der ÜNB festgelegt werden, soll sichergestellt werden, dass der Übertragungsnetzbetreiber seine Ausbauplanung darauf ausrichtet, dass er für die vereinbarten bzw. prognostizierten Übertragungsaufgaben ein ausreichend bemessenes Übertragungsnetz vorhält, das eine sichere und zuverlässige Betriebsführung und eine preisgünstige Versorgung mit einer der Norm entsprechenden Spannungsqualität ermöglicht.[53] Ein bedeutendes Element, dass beim Netzausbau berücksichtigt werden muss, ist das „n-1" Kriterium, welches sicherstellen

---
[51] Grid-Code 2000, DVG, a. a. O., S. 8
[52] Grid-Code 2000, DVG, a. a. O., S. 25
[53] Grid-Code 2000, DVG, a. a. O., S. 30

soll, dass alle Anlagen auch bei Ausfall einer Komponente weiterhin betriebsfähig bleiben. Durch die Betriebsplanung werden kurz- und mittelfristig anstehende Ereignisse, wie Wartungs- und Instandhaltungsarbeiten an Betriebsmitteln und Geräten, Baumaßnahmen im Übertragungsnetz und angemeldete Fahrpläne, durch Einplanung in das tägliche Betriebsgeschehen sicher durch die Betriebsführung beherrscht werden.[54] Innerhalb dieses Aufgabenbereichs fällt z. B. die Festlegung des Kraftwerkseinsatzes und die Abstimmung von Revisionsprogrammen der Kraftwerksbetreiber mit den Übertragungsnetzbetreibern. Die Betriebsführung ist als Systemdienstleistung aufzufassen, die alle Aufgaben des Übertragungsnetzbetreibers im Rahmen des koordinierten Einsatzes der Erzeugungseinheiten (z. B. Frequenzhaltung) und der Netzführung sowie des nationalen/internationalen Verbundbetriebes durch zentrale, jeweils eigenverantwortliche Leitstellen umfasst.[55] Außerdem werden durch die Betriebsführung alle Maßnahmen und Voraussetzungen geschaffen, die für die Zählung und Verrechnung aller erbrachten Leistungen erforderlich sind. Der Grid-Code ist ein wesentliches Element zur Sicherstellung des problemlosen Übertragungsnetzbetriebes. Insbesondere die Liberalisierung hat neuartige Herausforderungen an die Übertragungsnetzbetreiber gestellt, wobei die Verbändevereinbarungen als Grundlage für den Grid-Code fungieren bzw. der Grid-Code aufgrund der Vereinbarungen erstellt worden ist. Zur Kritik kam es insbesondere an den Auflagen für die frühzeitige Bekanntgabe der Fahrpläne, welche die Flexibilität der Netznutzer einschränken.

3.6.2 Distribution-Code für das VN

Der Distribution-Code kann als Gegenstück der Verteilernetzbetreiber zum Grid-Code der Übertragungsnetzbetreiber gesehen werden. Der Distribution-Code 2000 (DC) legt die technischen und organisatorischen Regeln für den Zugang zu Verteilungsnetzen fest. Er wendet sich an alle Nutzer der Verteilungsnetze.[56] Eine Festschreibung der Regeln für den Zugang zu den Verteilernetzen beruhte auf den Forderungen, die erstmalig mit der Verbändevereinbarung I entstanden sind und dann in der VV II noch erweitert wurden. Demnach soll die diskriminierungsfreie Netznutzung allen Wettbewerbern ermöglicht werden. Der VDEW präsentiert mit seinen Mitgliedern die Mehrheit aller Verteilernetzbetreiber und hat den Distribution-Code 2000 im Oktober 2000 vorgestellt. Die Aufgabe der EVU als Betreiber der Verteilungsnetze ist es, die technische Sicherheit

---

[54]   Grid-Code 2000, DVG, a. a. O., S. 33
[55]   ebenda
[56]   Distribution-Code 2000, VDEW, a. a. O., S. 1

und Zuverlässigkeit des Verteilungsnetzes sowie die technische Qualität der Stromversorgung sicherzustellen. Diese Aufgabe kann nur bei Einhaltung technischer und organisatorischer Mindestanforderungen für Zugang und Nutzung der Netze erfüllt werden.[57] Diese Forderungen sind eng mit den Forderungen des Grid-Codes abgestimmt, so dass sich dort keine Divergenzen ergeben sollten. Der Distribution-Code sieht bezüglich der Mindestanforderungen folgende zu regulierende Aspekte vor:[58]

- Netzanschlussbedingungen

- Organisation und Abwicklung der Netznutzung

- Systemdienstleistungen

- Netzplanung und Netzbetrieb

Die Netzanschlussbedingungen dienen der Sicherstellung eines ordnungsgemäßen Netzbetriebes bei gleichzeitiger Vermeidung unzulässiger Rückwirkungen und regeln die wichtigsten organisatorischen Fragen. Hierzu werden zwischen den Netznutzern und den Verteilernetzbetreibern (VNB) Netzanschlussverträge abgeschlossen. Für einen Anschluss prüfen die VNB, „ob die an dem geplanten Netzanschlusspunkt vorherrschenden Netzverhältnisse (Netzanschlusskapazität, Kurzschlussstrom, Netzimpedanz, Zuverlässigkeit etc.) ausreichen, die Erzeugungseinheit oder Kundenanlage ohne Gefährdung der zuverlässigen Versorgung der Kunden und ohne unzulässige Netzrückwirkungen an ihrem Netz zu betreiben"[59]. Die Netznutzung setzt grundsätzlich den Abschluss von Netzanschluss- und Netznutzungsverträgen mit jedem an das jeweilige Netz angeschlossenen Kunden voraus. Wobei noch zwischen Kunden und Lieferanten mit eigenen Kunden zu unterscheiden ist. Letztere haben einen Rahmenvertrag mit den VNB abzuschließen. Die Netznutzungsverträge haben dabei folgende Punkte zum Inhalt:[60]

- Pflicht zur Entrichtung des Netznutzungsentgelts, der Konzessionsabgabe und eines Entgelts für Zählung und Abrechnung.

- Betrieb von Zähleinrichtungen, Verbrauchsmengenermittlung, Informationsaustausch.

- Belieferung bei Ausfall/Fehlen des Lieferanten und Notversorgung.

---

[57]   Distribution-Code 2000, VDEW, a. a. O., S. 3
[58]   Distribution-Code 2000, VDEW, a. a. O., S. 1
[59]   Distribution-Code 2000, VDEW, a. a. O., S. 6
[60]   Distribution-Code 2000, VDEW, a. a. O., S. 10

- Zutrittsrechte

- Betrieb von Anlagen und Geräten des Kunden.

- Mitteilungspflichten, Haftung.

Daneben wurde auch festgelegt, dass „ein Lieferantenwechsel ... nur mit einer Frist von einem Monat zum Ablauf des Folgemonats möglich"[61] ist. Innerhalb der Rahmenverträge für Lieferanten, die eigene Kunden beliefern, sind folgende Vertragsinhalte vorgesehen:[62]

- Eindeutige Zuordnung der Kunden zu dem Lieferanten sowie zu einem (Sub-) Bilanzkreis.

- Vereinbarungen über das angewendete Lastprofilverfahren.

- Behandlung von Mehr-/Mindermengen bei Lastprofilkunden.

- Bestimmungen über die Ermittlung von Zählwerten durch den VNB sowie ihre Übermittlung an den Lieferanten.

- Bestimmungen über die Weitergabe der Bilanzierungsdaten an den (Sub-) Bilanzkreisverantwortlichen (BKV) sowie an den ÜNB.

- Mitteilungspflichten zwischen VNB und Lieferant.

Bezüglich der Systemdienstleistungen sei auf die Ausführungen zu den Systemdienstleistungen beim Grid-Code verwiesen. Die Netzplanung der VNB basiert auf der Forderung, dass den Netznutzern geeignete Netzanschlusspunkte zur Verfügung gestellt werden müssen. Dabei ist ein wichtiger Aspekt für die Netzplanung die Versorgungssicherheit, welche sich durch die „mittelfristige Beobachtung des Netzbetriebes erfassen"[63] lässt. Im Rahmen der Betriebsplanung sorgt der VNB für die zuverlässige Beherrschung kurz- und mittelfristig anstehender Ereignisse durch die Betriebsführung. Dazu gehören Instandhaltungsarbeiten an Netzkomponenten und Baumaßnahmen im Netz. Die frühzeitige Abstimmung der Kraftwerksrevisionen ist im Verteilungsnetz nur bei vertraglich vereinbarter Einbeziehung der dort einspeisenden Kraftwerke in das Zuverlässigkeitskonzept eine Aufgabe des VNB.[64] Durch die Betriebsführung sollen Störungen mit den verfügbaren betrieblichen Möglichkeiten beherrscht

---

61   ebenda
62   Distribution-Code 2000, VDEW, a. a. O., S. 11
63   Distribution-Code 2000, VDEW, a. a. O., S. 20
64   Distribution-Code 2000, VDEW, a. a. O., S. 20

bzw. begrenzt werden. Hierbei hat die Betriebsführung den Vorgaben der Betriebsplanung zu folgen. Der Distribution-Code ist dem Grid-Code in weiten Teilen sehr ähnlich bzw. sogar identisch. Bei der Erarbeitung des DC durch die VDEW wurden aufgrund der hohen Mitgliederzahl vielfältige Interessen berücksichtigt. Somit stellt das Regelwerk auf jeden Fall einen Beitrag zu Liberalisierung des Elektrizitätsmarktes dar. Allerdings bedarf es hier, wie bereits für die Verbändevereinbarungen gefordert, einer weiteren Entwicklung der Regelungen, um einen diskriminierungsfreien Netzzugang für alle Netznutzer zu ermöglichen.

3.7 Eingriffsmöglichkeiten der Kartellbehörden

Die Kartellbehörden sind seit der Liberalisierung des Elektrizitätsmarktes durch zahlreiche Beschwerden seitens der Netznutzer gefordert worden. Die Beschwerdeführer beanstanden zum einen zu hohe Netznutzungsgebühren, die ein kostendeckendes Arbeiten ausschließen und zum anderen die Verhaltensweisen der Netzbetreiber, die zur Behinderung des Markteintritts neuer Wettbewerber führen. Aufgrund der Tatsache, dass sich der Bau von Stromnetzen parallel zum vorhandenen Netz aus Kostengründen nicht lohnt und vom Gesetzgeber auch nicht erwünscht ist, stellt das Versorgungsnetz ein natürliches Monopol dar. Insbesondere die vertikale Integration der EVU vor der Liberalisierung des Elektrizitätsmarktes hat zu festen Strukturen geführt, die den diskriminierungsfreien Netzzugang noch immer behindern. Obgleich die Forderungen zur Eigenständigkeit der Unternehmensteile, die mit dem Netzbetrieb befasst sind, in vielen Punkten umgesetzt wurden, ist eine Gleichbehandlung aller Netznutzer in der Praxis nicht vorhanden. In dieser Situation ist damit grundsätzlich der Eingriff der Kartellbehörden gefordert, um den Wettbewerb aller Marktteilnehmer zu ermöglichen.

3.7.1 Missbrauchstatbestände

Ausbeutungsmissbrauch

Zuerst soll der Tatbestand des Ausbeutungsmissbrauchs nach § 19 Abs. 4 Nr. 2 GWB betrachtet werden. Wesentlicher Bestandteil des Paragraphen ist die Anwendung des Vergleichsmarktkonzeptes, um Maßstäbe für die Missbräuchlichkeit der Preishöhe zu gewinnen. Wobei zwischen dem

räumlichen und zeitlichen Vergleichsmarktkonzept zu unterscheiden ist.[65]
Der räumliche Vergleichsmarkt findet in der Praxis die häufigste Anwendung. Dabei wird der Preis auf einem anderen Markt für dieselben
Waren und Leistungen festgestellt. Zielsetzung sollte es dabei sein, dass
auf dem Vergleichsmarkt wirksamer Wettbewerb herrscht, da dies aufgrund des natürlichen Monopols kaum möglich ist, sind Preisvergleiche
mit den Monopolentgelten der anderen Netzbetreiber zulässig.[66] Der Vergleich ist grundsätzlich ausreichend, wenn nur ein Vergleichsunternehmen
herangezogen wird. Hierbei sollten die Unternehmen ähnlichen Strukturmerkmalen unterliegen bzw. diese durch entsprechende Korrekturzu- und
-abschläge ausgeglichen werden. Sofern der Verdacht besteht, dass die Preise der inländischen Unternehmen im Allgemeinen überhöht sind, bietet
sich noch die Möglichkeit des Vergleichs mit ausländischen Märkten an.
Hier ist allerdings zu beachten, dass teilweise erhebliche strukturelle Unterschiede vorliegen, die einen Vergleich unmöglich machen. Zudem sind die
ausländischen Unternehmen gegenüber deutschen Kartellbehörden nicht
auskunftspflichtig. Als Vergleichsmärkte bieten sich aufgrund der fortge-
schrittenen Liberalisierung die skandinavischen Länder, England und wegen struktureller Ähnlichkeiten die Niederlande an.[67] Im Rahmen des Vergleichsmarktkonzeptes eröffnet das Benchmarking die Möglichkeit einen
Effizienzvergleich von Unternehmen in Hinblick auf ihre Kosten- und Lei-
stungsstruktur unter Berücksichtigung struktureller Besonderheiten vorzunehmen. Diese Methode erfordert jedoch eine umfangreiche Datenbasis,
die durch die Kartellbehörden im Rahmen ihrer Auskunfts- und Ermitt-
lungsbefugnisse ermittelt werden müssten.[68] Weiterhin besteht die Möglichkeit des expliziten Vergleichs ausgewählter Abnahmeverhältnisse oder
ein Vergleich der Gesamterlöse. Bisher sind in der Praxis der Kartellbehörden bei der Strompreiskontrolle überwiegend repräsentative Abnahmefälle ausgewählt und deren Preisstellung miteinander verglichen worden.[69]
Hierfür wurden die bereits bestehenden anerkannten Preisvergleiche des
VDEW genutzt, welche insgesamt 48 repräsentative Abnahmefälle um-
fassten. Beim Vergleich der Gesamterlöse werden „die Umsatzerlöse des
Stromnetzbetreibers aus dem Netzbereich durch die in seinem Netz trans-
portierten kWh geteilt"[70]. Für den Vergleich ist dabei von den Netto-
Umsatzerlösen auszugehen. Insgesamt erweist sich die Aufstellung von

---

[65]   Arbeitsgruppe Netznutzung, 19.04.2001, a. a. O., S. 9
[66]   Arbeitsgruppe Netznutzung, 19.04.2001, a. a. O., S. 10
[67]   Arbeitsgruppe Netznutzung, 19.04.2001, a. a. O., S. 12
[68]   Arbeitsgruppe Netznutzung, 19.04.2001, a. a. O., S. 14
[69]   Arbeitsgruppe Netznutzung, 19.04.2001, a. a. O., S. 15
[70]   Arbeitsgruppe Netznutzung, 19.04.2001, a. a. O., S. 16

Vergleichen als problematisch, da beim Vergleich unterschiedliche Gebiets-
strukturmerkmale der Unternehmen zu berücksichtigen sind, sofern diese
Einfluss auf die Kostenstruktur des Unternehmens haben. Hierzu haben
die Kartellbehörden eine Einteilung in objektive und subjektive Strukturmerkmale vorgenommen. Dabei sind die subjektiven grundsätzlich von der
Betrachtung ausgeschlossen, während bei den objektiven überprüft werden
muss, ob das Strukturmerkmal nicht durch das jeweilige Unternehmen
ganz oder teilweise beeinflusst wird. Zu den objektiven Strukturmerkmalen gehören:[71]

- Abnehmerdichte (Abnehmer/km, Leitungslänge (Trassenlänge und
  Stromkreislänge))

- Versorgungsdichte (kWh/km Leitungslänge)

- Abnahmemenge je Zähler/Verbrauchsstelle

- Einwohnerdichte (Abnehmer/km^2 Versorgungsgebiet)

- Benutzungsdauer (im Einzelfall zu überprüfen)

- Verhältnis Großkunden/Kleinkunden

- Geologische/Geographische Faktoren (Geländebeschaffenheit)

Bei den objektiven Strukturmerkmalen, die als grundsätzlich vom Netzbetreiber beeinflussbare, d. h. subjektive bzw. weiche Strukturmerkmale
betrachtet werden und bei einem Vergleich außer Betracht bleiben handelt es sich um:[72]

- Kostenzuordnung bei Spartenbetrieb

- Unterschiedliche Abschreibungsmodalitäten

- Finanzierung/Zinsen

- Kapitalstruktur/Gewinnverwendung

- Investitionsphase

- Personalkosten

- Unnötig hohes Maß an Versorgungssicherheit

---

[71]   Arbeitsgruppe Netznutzung, 19.04.2001, a. a. O., S. 17
[72]   Arbeitsgruppe Netznutzung, 19.04.2001, a. a. O., S. 18

- Überdimensionierung von Netzen

- Fehlgeschlagene Investitionen

- Beschaffungskosten für Systemdienstleistungen

Neben dem beschriebenen räumlichen Vergleichsmarktkonzept wird beim zeitlichen Vergleichsmarktkonzept die möglichst aktuelle Strompreis- und Erlössituation nach der Liberalisierung mit den Daten aus der Zeit vor der Liberalisierung verglichen. Da das Netz kurzfristig keinen größeren Veränderungen unterliegt kann ein Missbrauch festgestellt werden, wenn sich nach der Liberalisierung die vereinnahmten oder kalkulierten Erlöse erhöht haben.[73]

Angemessenes Entgelt für den Netzzugang

Nach § 19 Abs. 4 Nr. 4 GWB liegt ein Missbrauch vor, wenn ein markt-beherrschendes Unternehmen sich weigert, einem anderen Unternehmen gegen angemessenes Entgelt Zugang zu den eigenen Netzen oder Infra-struktureinrichtungen zu gewähren, wenn es dem anderen Unternehmen aus rechtlichen oder tatsächlichen Gründen ohne die Mitbenutzung nicht möglich ist, auf den vor- und nachgelagerten Märkten als Wettbewerber tätig zu werden.[74] Bei einer Kontrolle der Netznutzungsentgelte ist allein die Frage der Höhe der Entgelte zu klären. Da der Begriff „angemessenes Entgelt" im GWB nicht weiter definiert, muss hier das auf das EnWG zurückgegriffen werden. Hierin findet sich die Regelung, „dass die Betrei-ber von Elektrizitätsversorgungsnetzen anderen Unternehmen das Versor-gungsnetz für Durchleitungen zu Bedingungen zur Verfügung zu stellen haben, die nicht ungünstiger sind, als sie von ihnen in vergleichbaren Fällen für Leistungen innerhalb des Unternehmens oder gegenüber ver-bundenen oder assoziierten Unternehmen tatsächlich oder kalkulatorisch in Rechnung gestellt werden"[75]. Hiermit wird eine Gleichbehandlung von externen Dritten mit der eigenen Vertriebsabteilung des Netzbetreibers gefordert und damit der interne Verrechnungspreis mit einem Marktpreis gleichgesetzt. Neben der vorgenannten Möglichkeit der Bestimmung der Entgelte gibt es noch folgende Möglichkeiten:[76]

- Vergleichsmarktgesichtspunkte (entsprechend vorigen Ausführun-gen)

---

[73]   Arbeitsgruppe Netznutzung, 19.04.2001, a. a. O., S. 22
[74]   Arbeitsgruppe Netznutzung, 19.04.2001, a. a. O., S. 23
[75]   Arbeitsgruppe Netznutzung, 19.04.2001, a. a. O., S. 15
[76]   Arbeitsgruppe Netznutzung, 19.04.2001, a. a. O., S. 25 ff.

• Subtraktions-/Vergleichsmethode (bzgl. der Kostenbestandteile)

• Kostenbetrachtung nach betriebswirtschaftlichen Gesichtspunkten

Aufgrund der Komplexität der aufgezählten Aspekte sei hier auf die genannte Quelle verwiesen.

Behinderung

Nach § 19 Abs. 4 Nr. 1 GWB ist die Beeinträchtigung der Wettbewerbsmöglichkeiten der anderen Wettbewerber ohne sachlich gerechtfertigten Grund verboten. Eine solche Behinderung kann sich durch prohibitive Netznutzungsentgelte ergeben, die von den Wettbewerbern gefordert werden.[77]

Price-Cap-Regulierung

Die Price-Cap-Regulierung (bzw. Revenue-Cap-Regulierung) wird von den ausländischen Regulierungsbehörden in Verbindung mit Benchmarking-Methoden angewandt. Die Regulierung sieht dabei einen maximalen Vorgabewert für die Wachstumsrate der Netznutzungsentgelte vor. Die Vorgaben werden dabei von allgemeinen Preisindizes abgeleitet, wie dem Einzelhandelspreisindex. Das Ziel dieser Vorgehensweise besteht darin, die ehemaligen Monopolisten zu Effizienzsteigerungen zu bewegen, da die Gewinnsteigerungen aufgrund eines effizienten Arbeitens von der Price-Cap-Regulierung nicht berücksichtigt werden. Diese Eingriffsmöglichkeit ist den deutschen Kartellbehörden jedoch nicht möglich, da das GWB derartige Eingriffe ausschließt.[78]

3.7.2 Verfügungsrechte der Kartellbehörden

Aufgrund des Ausbeutungsmissbrauchs

Die Kartellbehörden können den Netzbetreibern Preisobergrenzen für ihre Entgelte festsetzen, um zu verhindern, dass bei der Untersagung eines konkreten Preises das betroffene Unternehmen den neuen Preis nur geringfügig unterhalb des originären festlegt. Die Preismissbrauchsgrenze wird durch die Durchleitungsentgelte des günstigsten vergleichbaren Netzbetreibers bestimmt, zuzüglich von Zuschlägen für objektive Strukturnachteile

---

[77] Arbeitsgruppe Netznutzung, 19.04.2001, a. a. O., S. 15
[78] Arbeitsgruppe Netznutzung, 19.04.2001, a. a. O., S. 40

des betroffenen Netzbetreibers. Außerdem kann die Preismissbrauchsgrenze dynamisch an die Preise des Vergleichsunternehmens gekoppelt werden, um zu verhindern, dass bei Preiserhöhungen des Vergleichsunternehmens die Missbrauchsverfügung bei statischer Kopplung gegenstandslos werden würde.[79]

Aufgrund der angemessenen Entgelte

Hier stellt sich zunächst die Frage, ob es um die Erlaubnis des Netzzugangs oder, ob es ebenfalls um die Regulierung der Höhe der Entgelte geht. Die Kartellbehörden gehen hierbei davon aus, dass sie mit der Anordnung der sofortigen Vollziehung einer Untersagungsverfügung den Zugang zum Netz verfügen können. Allerdings vertreten verschiedene Gerichte bisher die Auffassung, dass eine Verfügung, die den Netzzugang ermöglicht auch mit der Festlegung des angemessenen Entgelte einhergeht. Die Höhe der Entgelte müsste dann entsprechend der Vorgehensweisen beim Ausbeutungsmissbrauch durchgeführt werden.[80]

3.8 Praktizierung des VNZ und des RNZ

Praktizierung des verhandelten Netzzuganges (national)

Die Anwendung der Verbändevereinbarung I 1998 hat mit der Liberalisierung des Strommarktes in der BRD zu deutlichen Veränderungen geführt. Insbesondere betraf dies die Industriekunden der Energieversorger, die im Zuge der Liberalisierung Einsparungen bis zu ca. 30 Prozent erreichten. Diese erheblichen Preisreduzierungen sind auf die gute Verhandlungspositionen der Industriekunden zurückzuführen, die sie aufgrund der hohen Leistungsabnahme besitzen. Außerdem dürfte ein wesentlicher Aspekt darin liegen, dass die Industriekunden meist über Anbindungen an das Stromnetz verfügen, die mindestens im Bereich der Mittelspannung liegen. Die erforderliche Netznutzung bedarf damit meist nur entsprechender Vereinbarungen mit den Übertragungsnetzbetreibern. Aufgrund der geringen Anzahl der ÜNB und den eigenen Vorteilen, die aus einem fairen Wettbewerb gezogen werden können, sind insbesondere die ÜNB schon frühzeitig zu angemessenen Netznutzungsentgelten bereit gewesen. Damit hat sich der verhandelte Netzzugang besonders bei den ÜNB bewährt und die ursprüngliche Monopolsituation in eine Wettbewerbsituation überführt. Die

---

[79]   Arbeitsgruppe Netznutzung, 19.04.2001, a. a. O., S. 45
[80]   Arbeitsgruppe Netznutzung, 19.04.2001, a. a. O., S. 47

Forderungen, die sich aus der Konkurrenzsituation ergeben zeigen sich auch an den Veränderungen hinsichtlich der Beschäftigungszahlen, die im Zeitraum von 1996 bis 2001 von ursprünglich 190.000 auf 140.000 reduziert wurden. Ebenfalls gingen die Investitionen im selben Zeitraum um 30% oder 2,05 Mrd. Euro zurück. Damit wurde ein erheblicher Spielraum für Preissenkungen geschaffen, der sich aufgrund von Effizienzsteigerungen noch erweiterte. Außerdem wurden von den EVU völlig neue Strategien entwickelt, die in den Bereich des Multi-Utility-Anbieters gehen und damit spezifische Lösungen für die Bedürfnisse der Kunden bieten wollen. Neben diesen durchaus positiven Effekten ist es jedoch speziell in dem Bereich der Privatkunden bzw. Tarifkunden zu erheblichen Problemen bezüglich der Netznutzung gekommen. Dabei kam bzw. kommt es einerseits zu Behinderungen des Vertragsabschlusses und andererseits zu deutlich überhöhten Netznutzungsentgelten. Bezüglich des ersten Aspekts sind folgende Beispiele angeführt, die als Beschwerden beim BMWi eingegangen sind:[81]

- Ein Stadtwerk starte mit der Forderung in den Wettbewerb, dass der wechselwillige Privatkunde die einwilligende Unterschrift des Grundstückseigentümers vorzulegen habe, und zwar bitteschön notariell beglaubigt.

- Das bereits angeführte Stadtwerk forderte von einem Privatkunden, dass dessen Bilanzkoordinator eine Liefergarantie gibt.

- Viele Kunden haben mit zweifachen Rechnungen zu kämpfen: Sie sollen den Strom sowohl beim Altversorger als auch beim neuen Lieferanten bezahlen. Besonders prekär wird das, wenn der Altversorger das Gespräch darüber sowohl mit dem Kunden als auch mit dem neuen Lieferanten verweigert.

- Einigen Kunden wurde von ihrem Altversorger mitgeteilt, dass sie aufgrund eines Versorgungswechsels eine Einwilligung erforderlich wäre, die es dem Stadtwerk nach eigenem Ermessen erlaubt eine besondere Transformatorenanlage auf dem Grundstück des Kunden aufzustellen.

Die genannten Beispiele zeigen, welche wettbewerbsfeindlichen Praktiken insbesondere von den Stadtwerken betrieben werden. Wobei man dieses Verhalten primär in dem Bereich der Verteilernetzbetreiber feststellen kann, wozu auch die großen Konzerne wie RWE und E.On gehören, die sich bei ihren Übertragungsnetzen ansonsten eher offen gegenüber dem

---

[81] Elektrizitätswirtschaft Jg. 100, Heft 14 - 15, a. a. O., S. 43

Wettbewerb zeigen. Bezüglich der Stadtwerke kann man wohl als einen
Hintergrund für ihre wettbewerbsfeindliche Einstellung anführen, dass sie
wenige Möglichkeiten haben in einem Wettbewerb Kunden zu gewinnen.
Begründet ist dies damit, dass sie kaum über die finanziellen Möglichkeiten
verfügen ihren Versorgungsbereich deutlich auszuweiten. Damit stehen sie
„mit dem Rücken an der Wand", wenn es der Konkurrenz gelingt erhebliche
Marktanteile in dem Bereich der einzelnen Stadtwerke zu gewinnen. Mit
dieser Taktik ist es zumindest bisher gelungen den Großteil der Kunden
vom Versorgerwechsel abzuhalten. Bisher (Stand 2001) haben ca. 3 bis 4
Prozent der Haushalte einen Versorgerwechsel vorgenommen. Die Verringerung der Strompreise aufgrund der Liberalisierung ist für die Privatkunden fast ohne Auswirkungen geblieben. Die Preise sind zwischen 1998 und
2001 um ca. 3% gefallen, und danach bedingt durch Steuererhöhungen bzw.
neuer Steuern wieder auf das Niveau von 1998 angestiegen. Die Gewinner
sind in diesem Fall die EVU der Lokalstufe ohne Eigenerzeugung, da sie
von den stark reduzierten Beschaffungspreisen der Großkunden profitier-
ten ohne diese Preisnachlässe an die Privatkunden weiterzugeben. Neben
den erwähnten Behinderungen der Wettbewerber durch Formalitäten werden von vielen Verteilernetzbetreibern deutlich überhöhte Netznutzungsentgelte von den Wettbewerbern gefordert. Teilweise sind hier Entgelte
eingefordert worden, die über dem doppelten der Endverbraucherpreise
des betreffenden Versorgungsgebietes lagen.[82] Damit erweist sich der verhandelte Netzzugang in dem Bereich der Verteilernetzbetreiber als problematisch, insbesondere wenn es darum geht die Netznutzungsentgelte
festzulegen.

**Praktizierung des regulierten Netzzugangs
(grenzüberschreitend)**

Bis zur Liberalisierung der Elektrizitätsmärkte lag der Schwerpunkt des
grenzüberschreitenden Energieaustausches in der Stabilität der gesamteuropäischen Netze. Bei Störungsfällen in den Partnerländern konnten so
großflächige Ausfälle der Stromversorgung vermieden werden. Nach der
Liberalisierung soll nun auch ein innereuropäischer Wettbewerb zwischen
den Unternehmen möglich werden. Allerdings stellen sich nun zwei Probleme:

1. Die Netzkapazitäten an den Übergabestellen zwischen den Mitgliedstaaten sind begrenzt.

---

[82] Elektrizitätswirtschaft Jg. 100, Heft 14 - 15, a. a. O., S. 44

2. Der Wettbewerb ist in den Mitgliedstaaten sehr unterschiedlich ausgeprägt.

Bisher werden ca. 8% der erzeugten Energie physikalisch grenzüberschreitend übertragen. Bei dieser Menge treten noch keine Kapazitätsprobleme auf. Man geht jedoch davon aus, dass die vollständige Liberalisierung der Märkte zu einem deutlichen Anstieg der zu übertragenden Kapazitäten führt. Derzeit bestehen noch erhebliche Unterschiede bezüglich der Wettbewerbsintensität auf den Märkten der Mitgliedstaaten. Die BRD gehört hierbei zu den wenigen Ländern, die eine vollkommene Öffnung der Märkte durchgesetzt haben. Damit ergibt sich aber auch das Problem, dass ausländische Unternehmen auf den deutschen Markt vordringen wollen, selber aber keine Konkurrenz zu befürchten brauchen und durch ihre Monopolgewinne im eigenen Land über erhebliche Kostenvorteile verfügen. Hiergegen soll eine Reziprozitätsklausel helfen (vgl. S. 18), die aber für große Konzerne leicht zu umgehen ist. Bei der grenzüberschreitenden Netznutzung wird von den ÜNB innerhalb der BRD zusätzlich zum Netznutzungsentgelt eine so genannte „T-Komponente" als fester Betrag pro übertragener KWh erhoben. Daneben ergeben sich auch noch technische Besonderheiten, die bei der grenzüberschreitenden Netznutzung auftreten und die Kalkulation der Entgelte erschweren (vgl. S. 93). Insgesamt muss man konstatieren, dass die grenzüberschreitende Netznutzung noch eher die Ausnahme ist.

4 Regulierter Netzzugang

Der regulierte Netzzugang ist innerhalb der Bundesrepublik Deutschland bis zum heutigen Zeitpunkt nicht verwirklicht worden. Begründet ist dies damit, dass sich der Gesetzgeber mit der Neuordnung des EnWG (vgl. Kapitel 1.1) dazu entschlossen hat, den verhandelten Netzzugang festzuschreiben. Allerdings wurde seitdem vielfach die Forderung nach einer Regulierungsbehörde und damit auch dem regulierten Netzzugang gestellt. Deshalb soll in den folgenden Abschnitten auf diese Möglichkeit und ihre Auswirkungen eingegangen werden.

4.1 Aufgaben einer Regulierungsbehörde

Wie bereits in Kapitel 2 erwähnt, hat sich in der BRD ein dreistufiger Elektrizitätsmarkt (vgl. S. 21) entwickelt auf dem eine Vielzahl von Unternehmen tätig sind. Diese grundsätzliche Struktur bedingte nach der Liberalisierung des Elektrizitätsmarktes das Begehren aller Wettbewerber, Kunden in jedem Gebiet der BRD zu beliefern. Dies war vor der Liberalisierung aufgrund der Gebietsabsprachen nicht möglich. Dadurch ergibt sich für eine Regulierungsbehörde insbesondere im Bereich der Netznutzung zwischen den Wettbewerbern ein komplexes Aufgabenfeld. Dies müsste die Festlegung von Tarifen für die jeweilige Netznutzung umfassen. Insbesondere hier ergibt sich aber das Problem, dass es sehr schwierig ist seitens einer Behörde festzulegen, welches Netznutzungsentgelt gerechtfertigt ist. Zur Erfüllung dieser Aufgabe wäre eine vollständige Transparenz der Kosten für den Netzbetrieb zwischen allen konkurrierenden Unternehmen notwendig. Daneben wäre seitens des Regulierers ebenfalls festzulegen, welche Netzkapazität durch den Wettbewerber genutzt werden darf bzw. kann. Dies hätte aber auch zur Konsequenz, dass der Netzbetrieb gänzlich von den Bereichen Stromerzeugung und -vertrieb getrennt sein müsste, um eine Quersubventionierung zu vermeiden. Nach der Auffassung der europäischen Kommission vom 13.03.2001 ist die Einrichtung einer Regulierungsbehörde für den Erfolg einer Liberalisierung der Elek-

trizitätsmärkte unabdingbar. Demnach kommt den „Regulierungsbehörden eine Schlüsselrolle zu, da sie befugt sind, Tarife für die Übertragung
bzw. Fernleitung und Verteilung festzulegen bzw. zu genehmigen, bevor
diese Gültigkeit erlangen"[1]. Wettbewerbsbehörden können nur im Nach-
hinein auf wettbewerbswidrige Situationen hin tätig werden, während Regulierungsbehörden zur Wahrnehmung ihrer Aufgaben von sich aus aktiv
werden können. Ihnen kommt auch bei Fragen im Zusammenhang mit
dem grenzüberschreitenden Handel und der Schaffung eines echten Binnenmarktes eine herausragende Rolle zu. Ferner sorgen sie für Kontinuität
und Transparenz in den marktbezogenen Rechtsvorschriften.[2] Ihre Aufgaben umfassen „die Festlegung bzw. Genehmigung von Tarifen und Bedingungen für den Zugang zu den Verteilungsnetzen sowie den ... Elek-
trizitätsübertragungsnetzen"[3]. Diese Genehmigung kann auf Basis eines
Vorschlages von Übertragungs- bzw. Fernleitungs- und Verteilernetzbetreibern erfolgen, oder auf Basis eines zwischen Netzbetreibern und Netzbenutzern abgestimmten Vorschlages.[4] Explizit wird mit dem Artikel 22
die Einrichtung einer nationalen Regulierungsbehörde gefordert, welche
„völlig unabhängig von den Interessen der Elektrizitätswirtschaft"[5] zu sein
hat. Neben den nationalen Regulierungsbehörden soll die Kommission als
Koordinationsinstrument zwischen den Regulierungsbehörden fungieren,
indem die nationalen Behörden zur Berichterstattung an die Kommission verpflichtet sind. Im Weiteren werden die wahrzunehmenden Aufgaben
definiert:[6]

• Festlegung oder Genehmigung der Bedingungen für den Anschluss an
  und den Zugang zu den nationalen Netzen, einschließlich der Tarife
  für die Übertragung und die Verteilung,

• Festlegung oder Genehmigung von Tarifen und nachfolgenden Änderungen auf nationaler Ebene in Abhängigkeit von Kosten oder
  Einnahmen mit grenzüberschreitender Elektrizitätsübertragung,

• Festlegung von Regeln für das Management und die Zuweisung von
  Verbindungskapazitäten in Zusammenarbeit mit der nationalen Re-
  gulierungsbehörde oder den nationalen Regulierungsbehörden der
  Mitgliedstaaten, zu denen Verbindungen bestehen,

---

[1]   Änderung der Richtlinie 96/92/EG, a. a. O., S. 8
[2]   ebenda
[3]   ebenda
[4]   ebenda
[5]   Änderung der Richtlinie 96/92/EG, a. a. O., S. 22, Artikel 22 Absatz 1
[6]   Änderung der Richtlinie 96/92/EG, a. a. O., S. 22, Artikel 22 Absatz 1

• Festlegung oder Genehmigung etwaiger Verfahren zur Behebung von Kapazitätsengpässen im nationalen Elektrizitätsnetz.

Die europäische Kommission unterscheidet bei ihren Ausführungen zur Änderung der Richtlinie 96/92/EG zwischen dem Übertragungsnetz und dem Verteilernetz. Deshalb sollen im Folgenden die bei einer Regulierung anzuwendenden Vorschriften erläutert werden.

4.2 Übertragungsnetz

Das Übertragungsnetz bzw. Hochspannungsnetz ist innerhalb der BRD im Besitz weniger großer Energieversorgungsunternehmen, die in der Deutschen Verbundgesellschaft (vgl. S. 33) vereinigt waren. Seit Juni 2001 sind die Übertragungsnetzbetreiber in dem Verband der Netzbetreiber (VDN) organisiert. Somit ergibt sich für eine Regulierungsbehörde der Vorteil, dass Verhandlungen über eine Tarifstruktur nur mit wenigen Partnern geführt werden müssten. Zudem ist der möglichst kostengünstige Zugang zum Übertragungsnetz im Sinne aller konkurrierenden EVU, da die Höchstspannungsebene von allen Wettbewerbern genutzt werden muss, um neue Kunden in Regionen zu erreichen, die nicht an das eigene Übertragungsnetz angebunden sind. Obgleich eine Regulierung im Übertragungsnetz weniger komplex erscheint, hat die europäische Kommission auch hier ein umfangreiches Regelwerk erdacht. Ein wesentliches Element wird im so genannten „Unbundling" gesehen, was eine strikte Trennung des Übertragungsnetzbetreibers von den übrigen Tätigkeitsbreichen eines EVU vorsieht. Im Einzelnen ist die Unabhängigkeit des Übertragungsnetzbetreibers auf der Grundlage der folgenden Kriterien sicherzustellen:[7]

• In einem integrierten Elektrizitätsunternehmen dürfen die für den Betrieb des Übertragungsnetzes zuständigen Personen nicht Teil betrieblicher Einrichtungen sein, die direkt oder indirekt für den laufenden Betrieb in den Bereichen Elektrizitätserzeugung, -verteilung und -versorgung zuständig sind.

• Es ist Vorsorge dafür zu treffen, dass die persönlichen Interessen der Mitglieder der Unternehmensleitung des Übertragungsnetzbetreibers so berücksichtigt werden, dass ihre Handlungsfähigkeit gewährleistet ist.

---

[7] Änderung der Richtlinie 96/92/EG, a. a. O., S. 19, Artikel 7 Absatz 6

- Der Übertragungsnetzbetreiber übt die volle Kontrolle über alle für die Wartung und den Ausbau des Netzes notwendigen Vermögenswerte aus.

- Der Übertragungsnetzbetreiber muss ein Gleichbehandlungsprogramm aufstellen, aus dem hervorgeht, welche Maßnahmen zum Ausschluss diskriminierenden Verhaltens getroffen werden. In dem Programm muss dargelegt sein, welche besonderen Pflichten die Mitarbeiter im Hinblick auf dieses Ziel haben. Die Leitung des integrierten Elektrizitätsunternehmens, zu dem der Übertragungsnetzbetreiber gehört, benennt einen Mitarbeiter, der für die Aufstellung des Programms und die Überwachung seiner Einhaltung zuständig und der Leitung gegenüber zur Berichterstattung verpflichtet ist. Dieser Gleichbehandlungsbeauftragte legt der nationalen Regulierungsbehörde jährlich einen Bericht über die getroffenen Maßnahmen vor, der veröffentlicht wird.

Außerdem können „die Mitgliedstaaten den Betreibern der Übertragungsnetze zur Auflage machen, bestimmte Mindestinvestitionen in die Wartung und den Ausbau des Übertragungsnetzes einschließlich der Verbindungskapazitäten zu tätigen"[8]. Dadurch soll gewährleistet werden, dass eine Versorgungssicherheit aller Verbraucher erhalten bleibt. Zudem kann so verhindert werden, dass die Übertragungsnetzbetreiber bewusst Verbindungskapazitäten gering halten, sofern die betroffenen Netze primär von konkurrierenden Unternehmen genutzt werden. Gleiches gilt für die Forderung hinsichtlich der Wartungsausgaben.

4.3 Verteilernetz

Das Verteilernetz umfasst primär den Niederspannungsbereich und dient der Verteilung an die Endverbraucher. Aufgrund des bis zur Liberalisierung gebildeten dreistufigen Elektrizitätsmarktes (vgl. S. 21) ist das Niederspannungsnetz vorwiegend in der Hand von EVU geringer Betriebsgröße, die keine Eigenerzeugung betreiben und nur für eine kleine Region zuständig sind. Hieraus folgt aber auch, dass das Verteilernetz in der BRD im Besitz einer Vielzahl von Anbietern ist. Deshalb stellt sich eine Regulierung hier als sehr komplex dar, da eine Einigung zwischen einer großen Anzahl von EVU gefunden werden muss. Zudem liegt es auch kaum im Eigeninteresse der EVU geringer Betriebsgröße (vgl. S. 21), wenn eine

---

[8]   Änderung der Richtlinie 96/92/EG, a. a. O., S. 20, Artikel 8 Absatz 5

Netznutzung zustande kommt, da sie selber kaum über die Möglichkeiten
verfügen das eigene Absatzgebiet deutlich zu erweitern, um so ebenfalls
von Netznutzungen profitieren zu können. Somit sind hier klare Geset-
zesvorgaben zu machen, die eine Netznutzung zu angemessenen Preisen
gewährleisten. Hierzu vertritt die europäische Kommission die Auffassung,
dass eine Unabhängigkeit des Verteilernetzbetreibers gegeben sein muss.
Die Unabhängigkeit des Verteilernetzbetreibers ist auf der Grundlage der
folgenden Kriterien sicherzustellen:[9]

- In einem integrierten Elektrizitätsunternehmen dürfen die für den
  Betrieb des Verteilernetzes zuständigen Personen nicht Teil betrieblicher Einrichtungen sein, die direkt oder indirekt für den laufenden
  Betrieb in den Bereichen Elektrizitätserzeugung, -übertragung und
  -versorgung zuständig sind.

- Es ist Vorsorge zu treffen, dass die persönlichen Interessen der Mitglieder der Unternehmensleitung des Verteilernetzbetreibers so berücksichtigt werden, dass ihre Handlungsunabhängigkeit gewährleistet ist.

- Der Verteilernetzbetreiber übt die volle Kontrolle über alle für die
  Wartung und den Ausbau des Netzes notwendigen Vermögenswerte
  aus.

- Der Verteilernetzbetreiber muss ein Gleichbehandlungsprogramm
  aufstellen, aus dem hervorgeht, welche Maßnahmen zum Ausschluss
  diskriminierenden Verhaltens getroffen werden. In dem Programm
  muss dargelegt sein, welche besonderen Pflichten die Mitarbeiter im
  Hinblick auf dieses Ziel haben. Die Leitung des integrierten Elektrizitätsunternehmens, zu dem der Verteilernetzbetreiber gehört, benennt einen Mitarbeiter, der für die Aufstellung des Programms und
  die Überwachung seiner Einhaltung zuständig und ihr gegenüber zur
  Berichterstattung verpflichtet ist. Dieser Gleichbehandlungsbeauftragte legt der nationalen Regulierungsbehörde jährlich einen Bericht
  vor, der veröffentlicht wird.

Da es sich, wie bereits erwähnt, vielfach um EVU geringer Betriebsgröße
handelt, steht es den Mitgliedstaaten frei zu „beschließen, dass diese Vorschriften keine Anwendung auf integrierte Elektrizitätsunternehmen finden, die zu diesem Zeitpunkt weniger als 100.000 Kunden beliefern"[10]. Ziel

---

9 Änderung der Richtlinie 96/92/EG, a. a. O., S. 20, Artikel 10 Absatz 4
10 Änderung der Richtlinie 96/92/EG, a. a. O., S. 20, Artikel 10 Absatz 4

ist es die betroffenen EVU nicht in ihrer Existenz zu gefährden. Allerdings
besteht aufgrund dieser Ausnahme wiederum die Gefahr, dass die fehlende
Unabhängigkeit der Verteilernetzbetreiber gegenüber den anderen Bereichen des EVU zu Quersubventionen bzw. erhöhten Netznutzungsentgelten
führt. Wie bereits erwähnt, sind besonders die EVU geringer Betriebsgröße kaum an einer Netznutzung von konkurrierenden Unternehmen interessiert.

4.4 Regelungen für Übertragungs- und Verteilernetze

Die umfangreichen Forderungen hinsichtlich der Unabhängigkeit der Tä-
tigkeitsbereiche gestattet es dennoch, dass von einem Betreiber der gleich-
zeitige Betrieb eines Übertragungs- und Verteilernetzes durchgeführt wird.
Allerdings unter der Voraussetzung, dass beide Bereiche von den übrigen Tätigkeitsbereichen entsprechend den vorher genannten Vorgaben getrennt sind. Die buchhalterische Trennung der jeweiligen Tätigkeitsbe-
reiche eines EVU erfordert die Führung von getrennten Konten für die
Erzeugungs-, Verteiler- und Versorgungstätigkeiten sowie gegebenenfalls
konsolidierte Konten für sonstige Tätigkeiten außerhalb des Elektrizitäts-
bereiches. Dies muss in gleicher Weise erfolgen, als wenn die betreffenden
Tätigkeiten von separaten Firmen ausgeführt würden. Außerdem ist für
jede Tätigkeit eine Bilanz sowie eine Gewinn- und Verlustrechnung in den
Anhang des Jahresabschlusses aufzunehmen.[11] Wie bereits einführend ge-
schildert besteht die Hauptaufgabe einer Regulierungsbehörde in der Festlegung von Tarifen für die Netznutzung. Die europäische Kommission sieht
vor, dass „die Mitgliedstaaten den Zugang Dritter zu den Übertragungs-
und Verteilernetzen auf der Grundlage veröffentlichter Tarife regeln; diese
Regelung gilt für alle zugelassenen Kunden (vgl. S. 17)und findet nach
objektiven und nichtdiskriminierenden Kriterien auf alle Netzbenutzer Anwendung"[12].

4.5 Grenzüberschreitende Netze

Die bisherigen Entwicklungen auf dem europäischen Elektrizitätsmarkt
haben gezeigt, dass die Strompreiese und damit auch die Netznutzungsentgelte in den Mitgliedstaaten stark differieren (vgl. Abbildung 4.1 S.

---

[11]   Änderung der Richtlinie 96/92/EG, a. a. O., S. 21, Artikel 14 Absatz 3
[12]   Änderung der Richtlinie 96/92/EG, a. a. O., S. 20, Artikel 8 Absatz 5

94), da jeder Mitgliedstaat ein eigenes Konzept für die Umsetzung der Liberalisierung des Elektrizitätsmarktes verfolgt. Somit besteht bei dem Wunsch, seitens eines zugelassenen Kunden (vgl. S. 17), sich für einen Versorger in einem anderen Mitgliedstaat zu entscheiden stets das Problem, dass bei der grenzüberschreitenden Netznutzung erhebliche Netznutzungsentgelte anfallen. Insbesondere die Einteilung in bestimmte Handelszonen der Energieversorger führt dazu, dass an den Grenzübergängen zusätzlich zum Netznutzungsentgelt ein fester Betrag pro übertragener KWh gezahlt werden muss. Dieser Betrag wird auch als „T-Komponente" bezeichnet, die eine grenzüberschreitende Netznutzung zusätzlich verteuert. Weiterhin bestehen Kapazitätsprobleme zwischen den Mitgliedstaaten, die zu einer Einschränkung des grenzüberschreitenden Stromhandels führen. Es wird davon ausgegangen, dass in den nächsten zehn Jahren Engpässe an den internationalen Grenzen ein wesentlicher Faktor sein werden, die den freien Stromhandel zwischen bestimmten Regionen Europas beschränken.[13] Die derzeitigen Leistungflüsse sind in der Abbildung 4.2 auf Seite 95 dargestellt.

Derzeit beträgt der physikalische grenzüberschreitende Stromhandel gerade einmal etwa 8% der gesamten Elektrizitätserzeugung.[14] Somit erscheint eine einheitliche Regulierung sehr zweckmäßig, wenn dadurch eine Liberalisierung des gesamteuropäischen Strommarktes erreicht werden kann. Hierbei sind allerdings auch technische Besonderheiten zu berücksichtigen, die eine exakte Berechnung des Netznutzungsentgeltes erschweren. Hierzu zählen insbesondere die „Ringflüsse" als auch die „Parallelflüsse". Dies sei am folgenden Beispiel erläutert:[15] In einer Simulation wurde gezeigt, dass bei einem Transport von 1GW aus Nordfrankreich nach Italien nur ca. 60% des Stroms Italien „direkt" erreichen, d. h. über die französisch-italienische Grenze oder durch die Schweiz. Der Rest erreicht Italien „indirekt" und verursacht Stromflüsse im Netz in Belgien, in den Niederlanden, Österreich und Slowenien. Deshalb ist es das Ziel der europäischen Kommission Regelungen zu schaffen, die einen Ausgleich für die Kosten von Stromtransiten ermöglichen. Dazu sollen „die Transitmengen und die exportierten/importierten Strommengen auf der Grundlage der in einem bestimmten Zeitraum tatsächlich gemessenen physikalischen Leitungsflüsse bestimmt"[16] werden. Die Transitmengen umfassen den physikalischen Leitungsfluss als auch die „Transitflüsse, die gemeinhin als „Ring-

---

[13]   Grenzüberschreitender Stromhandel, Einleitung
[14]   ebenda
[15]   Grenzüberschreitender Stromhandel, Wichtigste Vorschriften
[16]   Grenzüberschreitender Stromhandel, Artikel 3 Absatz 6

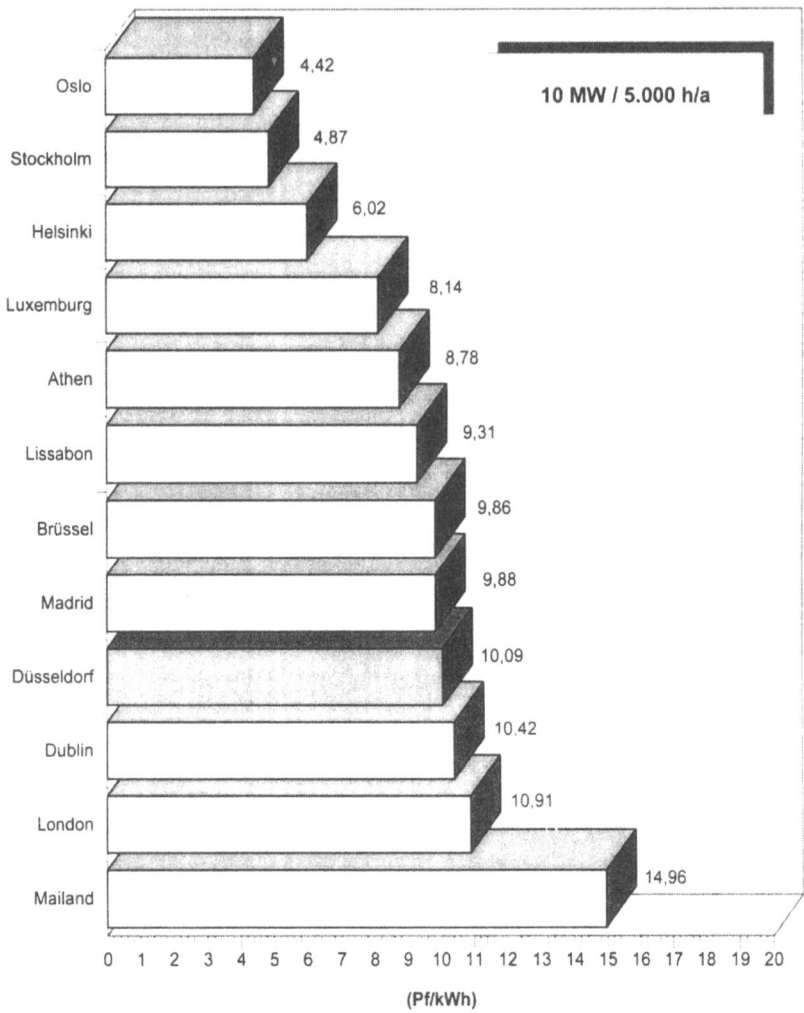

Für Kopenhagen, Paris, Rotterdam und Wien lagen keine Angaben vor.

Preisstand: 1.1.2001   Quelle: Eurostat, VIK

Abb. 4.1: Strompreisvergleich in der EU

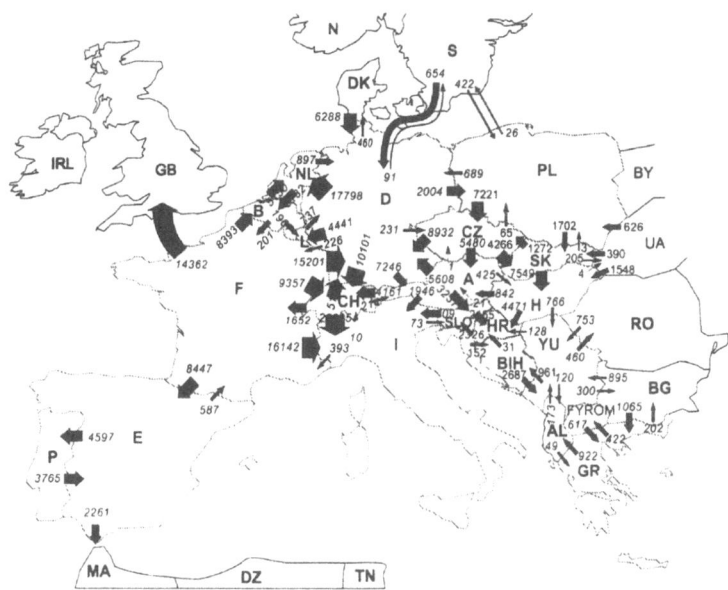

Abb. 4.2: Leistungsflüsse innerhalb der EU

flüsse" oder „Parallelflüsse" bezeichnet werden"[17]. Der finanzielle Ausgleich wird dann anhand der vorliegenden Daten „von den Betreibern der nationalen Übertragungsnetze geleistet, aus denen die Transitflüsse stammen und/oder von den Betreibern der Netze, in denen diese Transitflüsse enden"[18]. Hinsichtlich der expliziten Festlegung der Netzzugangsentgelte sind verschiedene Bedingungen zu erfüllen:[19]

• Die Netzzugangsentgelte müssen die tatsächlichen Kosten widerspiegeln, transparent und an die Entgelte eines effizienten Netzbetreibers angepasst sein und ohne Diskriminierung erhoben werden. Zudem dürfen sie nicht entfernungsabhängig sein.

• Das Entgelt für den Netzzugang kann den Erzeugern und Verbrauchern in Rechnung gestellt werden. Hierbei muss der Anteil, den die Erzeuger tragen niedriger als der Anteil der Verbraucher sein.

• Die Netzzugangsentgelte sind unabhängig von Herkunfts- und Bestimmungsland des Stroms zu berechnen. Exporteuren und Impor-

---

[17] Grenzüberschreitender Stromhandel, Artikel 2 Absatz 2
[18] Grenzüberschreitender Stromhandel, Artikel 3 Absatz 2
[19] Grenzüberschreitender Stromhandel, Artikel 4

teuren wird über die allgemeinen Entgelte für den Zugang zu nationalen Netzen hinaus kein besonderes Entgelt in Rechnung gestellt.

Um eine möglichst effiziente Nutzung der vorhandenen Netzkapazitäten zu gewährleisten sind verschiedene Leitlinien für ein Engpassmanagement vorgesehen. Diese sehen vor, dass bereits zugesagte Kapazitäten nur in Notfällen gekürzt werden dürfen und eine Kürzung zu Entschädigungszahlungen führt. Daneben ist es die Aufgabe der Übertragungsnetzbetreiber eine möglichst große Verbindungskapazität zur Verfügung zu stellen, indem die Kapazitäten durch Berücksichtigung gegenläufiger Stromtransite maximiert werden. Insbesondere dürfen Durchleitungsbegehren, die eine Kapazitätsvergrößerung bewirken können, nicht abgelehnt werden.[20] Sollten durch die Zuweisung von Verbindungskapazitäten Einnahmen erzielt werden, so sind diese für folgende Zwecke zu verwenden:[21]

- Gewährleistung der Verbindlichkeit der zugewiesenen Kapazität

- Netzinvestitionen für den Erhalt oder Ausbau von Verbindungskapazitäten

- Senkung der Netzentgelte

Den Übertragungsnetzbetreibern dürfen aus den Zuweisungen jedoch keine Gewinne entstehen. Eine Möglichkeit der Zuweisung von Kapazitäten wird seitens der europäischen Kommission in einer expliziten Auktion gesehen, um eine marktorientierte Verteilung der Kapazitäten vorzunehmen. Demnach soll das „Auktionsverfahren ... so konzipiert sein, dass dem Markt die gesamte verfügbare Kapazität angeboten wird"[22]. Die Auktionen sollen in festgelegten Abständen, entsprechend dem Bedarf der Märkte, abgehalten werden. In die Ausarbeitung des expliziten Auktionsverfahrens sind auch die Regulierungsbehörden einzubinden.[23] Eine weitere Forderung besteht darin, dass gerade bei Engpässen übertragungsrichtungsabhängige Preissignale an die Auktionsteilnehmer ausgehen sollten, um eine Kapazitätsvergrößerung zu erreichen.[24]

---

[20]   Grenzüberschreitender Stromhandel, Artikel 6
[21]   Grenzüberschreitender Stromhandel, Artikel 4, Absatz 6
[22]   Grenzüberschreitender Stromhandel, Leitlinien für explizite Auktion
[23]   Grenzüberschreitender Stromhandel, Leitlinie für explizite Auktionen
[24]   Grenzüberschreitender Stromhandel, Leitlinie für explizite Auktionen

5 Diskussion

Den Übergang zum liberalen Strommarkt sieht die VDEW[1] als Such- und Lernprozess. Es muss daran erinnert werden, dass die Verhandlungen der Industrie mit der Stromwirtschaft sehr schwer in Gang kamen. Nur der hohe Anpassungsdruck[2] Dritter führte zum Abschluss der VV I und zur Weiterentwicklung bis zur VV II plus. Der Auffassung, dass Verbändevereinbarungen als Instrumente der Selbstverpflichtung in der Elektrizitätswirtschaft der BRD zur Entwicklung des Wettbewerbs eine gute Tradition haben[3] muss bei Kenntnis der historischen Entwicklung des Strommarktes ab 1949 widersprochen werden.[4] Auch die VV II plus zeigt, dass der diskriminierungsfreie Netzzugang nicht erreicht wird (vgl. S. 66). Die erheblichen Unterschiede der Netznutzungsentgelte lassen ein Einlenken der Verteilernetzbetreiber der Stromwirtschaft nicht erwarten (Abb. 3.4 S. 67).

Die VDEW sieht eine staatliche Kontrolle des VNZ durch das BKartA auch bei nachträglichem Eingreifen durch die präventive Wirkung[5]. Dagegen forderte das BKartA bereits im September 2001 die Einführung des Sofortvollzugs in § 19 Abs. 4 GWB.[6] Das BKartA führt aus, "dass trotz der schnellen positiven Wettbewerbsentwicklungen nach der Liberalisierung des Strommarktes in der BRD die etablierten Versorger ein ganzes Instrumentarium entwickelt haben, um den Einzug des Wettbewerbs in unzulässiger Weise zu behindern"[7]. Das BKartA sieht in der Beteiligung von z. B. RWE und Eon an einer Vielzahl von Verteilern eine weitere Gefahr für den Wettbewerb.[8]

Im März 2001 hat die für Verkehr und Energie zuständige Kommissarin eine Richtlinienentwurf zur Änderung der Elektrizitäts- und Erdgasricht-

---

[1] Abt, Karl Otto, 9. Handelsblatt Tagung, 16.01.2002
[2] ebenda
[3] ebenda
[4] Görs; Rein; Reuter, Stromwirtschaft im Wandel
[5] Abt, Karl Otto, 9. Handelsblatt Tagung, 16.01.2002
[6] FAZ, Mehr Energie Wettbewerb durch Sofortvollzug, 21.09.2001
[7] Klocker, Peter, FGE-Tagung, Aachen, 27.09.2001
[8] Badische Zeitung. Bundeskartellamt sieht schwarz, 02.02.2002

linie vorgelegt.[9] Dieser Entwurf verpflichtet alle Mitgliedstaaten der EU, eine nationale Regulierungsbehörde einzurichten. VDEW lehnt den Regulierer für den deutschen Strommarkt ab[10] und geht davon aus, dass die deutschen Wettbewerbsergebnisse diese Auffassung stützen. Der Bundeswirtschaftsminister ist für den Transportwettbewerb hier offenbar anderer Ansicht. Er pocht auf verbesserten Transportwettbewerb, andernfalls droht er damit, einen Regulierer einzusetzen.[11]

Neben der VDEW lehnt auch der BDI im Entwurf einer Stellungnahme den regulierten Netzzugang als einziges System ab.[12] Im April 2001 geht der BDI noch von der Überlegenheit des VNZ aus. Das BKartA hält die Entscheidung eines Regulierers zum richtigen Preis für schwierig und hält die Argumentation der Kommission für die Einrichtung einer Behörde für nicht zweifelsfrei.[13] In diesem Zusammenhang wird auch darauf verwiesen, dass eine ex-post Kontrolle nicht immer ineffizient ist. Zur gleichen Zeit erwartet das BKartA die Einführung des Sofortvollzuges in das GWB.[14]

Wenn man die Entwicklung der Liberalisierung des Strommarktes seit 1998 - nahezu vier Jahre - verfolgt, ist für den Netzzugang abschließend folgendes zu sagen:

1. VNZ für die vier Übertragungsnetzbetreiber in der BRD ist möglich und vielleicht auch wirkungsvoller als der RNZ.

2. VNZ für die siebenhundert Verteilernetzbetreiber in der BRD ist für den diskriminierungsfreien Netzzugang nicht möglich. Hier ist Sofortvollzug des BKartA - besser noch ein Regulierer erforderlich.

Ergänzend ist darauf hinzuweisen, dass die BRD langfristig einen Regulierer braucht, um eine Zusammenarbeit auf EU-Ebene (grenzüberschreitend) mit der Stromwirtschaft der übrigen Staaten - die eine Regulierungsbehörde eingerichtet haben - zu realisieren.

---

[9]   Änderung der Richtlinie 96/92/EG, 13.03.2001
[10] Abt, Karl Otto, 9. Handelsblatt Tagung, 16.01.2002
[11] BMWi kritisiert Energie-Durchleitungen, Handelsblatt, 31.01.2002
[12] BDI - Ergänzung der Richtlinien 96/92EC u. 98/30/EC, 05.04.2001
[13] Klocker, Peter, FGE-Tagung, Aachen, 27.09.2001
[14] FAZ, Mehr Energie Wettbewerb durch Sofortvollzug, 21.09.2001

Abbildungsquellenverzeichnis

[Abb. 1.1] aus Günter, Marquis
Selbsregulierung - Vor- und Nachteile aus Sicht eines deutschen
Netzbetreibers
in: Elektrizitätswirtschaft Jg. 100, Heft 13

[Abb. 1.2] aus DVG
Zahlenspiegel Verbundwirtschaft in Deutschland
DVG, Heidelberg 2001

[Abb. 2.1] aus Gröner, Helmut
Die Ordnung der deutschen Elektrizitätswirtschaft
Nomos Verlagsgesellschaft, Baden-Baden 1975

[Abb. 2.2] aus DVG
Zahlenspiegel Verbundwirtschaft in Deutschland
DVG, Heidelberg 2001

[Abb. 2.3] aus DVG
Zahlenspiegel Verbundwirtschaft in Deutschland
DVG, Heidelberg 2001

[Abb. 3.1] aus DVG
Jahresbericht 2000
DVG, Heidelberg August 2001

[Abb. 3.2] DVG
Jahresbericht der DVG 1999
DVG, Heidelberg 1999

[Abb. 3.3] aus DVG
Jahresbericht der DVG 2000
DVG, Heidelberg 2000

[Abb. 3.4] aus VDN
Netznutzungsentgelte der deutschen Netzbetreiber
VDN, 2002

[Abb. 4.1] aus VIK
            VIK Strompreisvergleich I/2001
            VIK, Essen 01.01.2001

[Abb. 4.2] aus UCTE
            Statistisches Jahrbuch 2000
            UCTE, 2000

Literaturverzeichnis

Bücher

[1] Emmerich, Volker
*Ist der kartellrechtliche Ausnahmebereich für die leitungsge-
bundene Versorgungswirtschaft wettbewerbspolitisch gerechtfertigt?*
Niedersächsische Minister für Wirtschaft und Verkehr, 1978

[2] Gabriel, Oscar W.
Die EG-Staaten im Vergleich
Bundeszentrale für politische Bildung, Bonn 1992

[3] Görs, J.; Rein, O.; Reuter, E.
Stromwirtschaft im Wandel
Deutscher Universitäts-Verlag, 2000

[4] Gröner, Helmut
Die Ordnung der deutschen Elektrizitätswirtschaft
Nomos Verlagsgesellschaft, Baden Baden 1975

[5] Gröner, Helmut
Ordnungspolitik in der Elektrizitätswirtschaft
in: Ordo-Jahrbuch 1966

[6] Reuter, Egon
Elektrizitätswirtschaft
Universität der Bundeswehr, Hamburg 1998

[7] Schuler, Alexander
Regionale Elektrizitätswirtschaft
Verlagsdruckerei E.Rieder, Schrobenhausen 1967

[8] VDEW
Das Zeitalter der Elektrizität - 75 Jahre VDEW
Paul Pattoch Verlag, Offenbach am Main 1967

[9] VIK
Stellungnahmen der VIK zu Zusammenwirken der EVU mit den privaten Stromerzeugern
A. Stutter, Essen 1977

[10] Weidenfeld, Werner; Wessels, Wolfgang
Europa von A-Z
Bundeszentrale für politische Bildung, Bonn 1991

Aufsätze, Vorträge, Zeitschriften

[11] Abt, Karl Otto
Vollständige Marktöffnung in Deutschland - Wettbewerb funktioniert ohne Regulierer
bei: 9. Handelsblatt-Jahrestagung Energiewirtschaft 2002
VDEW, Frankfurt 2002

[12] Badische Zeitung
Kartellamt sieht schwarz
in: Badische Zeitung vom 02.02.2002

[13] Birkner, Peter
Die Verbändevereinbarung II zur Netznutzung
in: Elektrizitätswirtschaft Jg. 100, Heft 13

[14] BKA
Bericht der Arbeitsgruppe Netznutzung Strom der Kartellbehörden des Bundes und der Länder
BKA, Bonn 19.04.2001

[15] BKA
Kartellamt geht gegen Stromversorger vor
in: FAZ vom 17.01.2002

[16] Böge, Ulf
Kartellamt besorgt über Konzentration auf Mineralölmarkt
in: FAZ vom 06.08.2001

[17] DVG
Der Grid-Code - Kooperationsregeln für die deutschen Übertragungsnetzbetreiber
DVG, Heidelberg 1998

[18] DVG
Grid-Code 2000 - Netz- und Systemregeln der deutschen Über-
tragungsnetzbetreiber
2. Ausgabe 2000
DVG, Heidelberg Mai 2000

[19] DVG
Jahresbericht der DVG 1999
DVG, Heidelberg 1999

[20] DVG
Jahresbericht der DVG 2000
DVG, Heidelberg 2000

[21] DVG; VDEW
VDEW/DVG-Richtlinie Datenaustausch und Energiemen-
genbilanzierung
DVG/VDEW, Heidelber/Frankfurt 2001

[22] EnBW
EnBW beschwert sich über Stadtwerke
in: FAZ vom 07.09.2001

[23] FAZ
Wettbewerb bei Strom und Gas läßt noch zu wünschen übrig
in: FAZ vom 25.09.2001

[24] Goll, Gerhard
Rede des EnBW Vorstandvorsitzenden
bei: 11. Hauptversammlung der EnBW

[25] Handelsblatt
Müller pocht beim Eon-Ruhrgas-Deal auf verbesserten Trans-
portwettbewerb
in: Handelsblatt vom 31.01.2002

[26] Heesemann, Sigfried
Elektrizitätswirtschaftspolitik Gestern-Heute-Morgen
in: Zeitschrift der VDEW 20.01.1964

[27] Informationen zur politischen Bildung Nr. 213
Die Europäische Gemeinschaft
Bundeszentrale für politische Bildung, Bonn 1990

[28] von Keller, Vera
Den Wandel gestalten
in: Elektrizitätswirtschaft Jg. 100, Heft 4

[29] Klocker, Dr. Peter
Braucht Deutschland einen Energie-Regulierer
bei: FGE-Tagung, 27.09.2001, Aachen

[30] Kommission der EG
Vorschlag für eine Richtlinie des europäische Parlaments und des Rates zur Änderung der Richtlinien 96/92/EG und 98/30/EG über gemeinsame Vorschriften für den Elektrizitätsbinnenmarkt
Kommission der EG, Brüssel 13.03.2001

[31] Kommission der EG
Vorschlag für eine Verordnung des europäische Parlaments und des Rates über die Netzuzugangsbedingungen für den grenzüberschreitenden Stromhandel
Kommission der EG, Brüssel 13.03.2001

[32] Krägenow, Timm
Kritik an Strom-Aufseher ohne Kompetenz
in: FTD vom 01.08.2001

[33] Marquis, Günter
Selbstregulierung - Vor- und Nachteile aus der Sicht eines deutschen Netzbetreibers
in: Elektrizitätswirtschaft Jg. 100, Heft 13

[34] Marquis, Günter
Strommarkt Deutschland - Energie für Europa
in: Elektrizitätswirtschaft Jg. 100, Heft 14 - 15

[35] Müller, Dr. Werner
Die Energiepolitik der Bundesregierung
in: Elektrizitätswirtschaft Jg. 100, Heft 14 - 15

[36] Müller, Dr. Werner
Stromanbieterwechsel erleichtern
in: FAZ vom 08.09.2001

[37] Reuters
Strom-Wettbewerb per Gesetz regeln
in: FAZ vom 16.01.2002

[38] RWE Net AG
Strommarktregulierung wäre teuer und ineffizient
in: FAZ vom 05.07.2001

[39] Schneider, E.; Schürmann, H.J.
Enron will Regulierung deutscher Stromnetze
in: Handelsblatt vom 05.09.2001

[40] Timm, Dr. Manfred
Zum VDEW Kongress 2001 in Hamburg
in: Elektrizitätswirtschaft Jg. 100, Heft 14 - 15

[41] VDEW
Distribution Code 2000 - Regeln für den Zugang zu Vertei-lungsnetzen
VDEW, Frankfurt 2000

[42] VDEW
Strombasiswissen - Der rechtliche Rahmen der Stromversorgung
VDEW Strombasiswissen Nr. 103, Frankfurt a. M.

[43] VEA
Gegen hohe Durchleitungsgebühren - Energieabnehmer wünschen sich eine neutrale Regulierungsinstanz
in: FAZ vom 05.08.2001

[44] VIK
Niederschrift über die 1. Sitzung des VIK-Vorstandes im Jahre 1957 am 28 Mai 1957 in der Gutehoffnungshütte AG Oberhausen-Sterkrade
VIK, Essen 1957

[45] VIK
Aus der Chronik der westdeutschen Energiewirtschaft nach 1945
VIK, Essen 1960

[46] VIK
VIK 50 Jahre im Dienste der deutschen Industrie
VIK, Essen 1997

[47] VIK
VIK Strompreisvergleich II/2000
VIK, Essen 01.07.2000

[48] VIK
Stellungnahme zur öffentlichen Anhörung der EU-Kommission
VIK, Essen 07.09.2000

[49] VIK
VIK-Vorbereitung der Verhandlungen zur weiteren Verbesserung der VVIII ab dem 01.01.2002
VIK, Essen 19.10.2000

[50] VIK
VIK Strompreisvergleich I/2001
VIK, Essen 01.04.2001

[51] VIK
Anworten des VIK auf die von der europäischen Kommission im Juli 2001 vorgelegte Umfrage über die Umsetzung der Elektrizitäts- und der Erdgasrichtlinie und deren Ergebnisse
VIK, Essen 2001

[52] VIK
Sachverständigen-Anhörung zum Gesetzentwurf der Bundesregierung. Entwurf eines ersten Gesetzes zur Änderung des Gesetzes zur Neuregelung des Energiewirtschaftsrechts. Anworten des VIK auf den Fragenkatalog
VIK, Essen 27.08.2001

[53] VIK
Netzpläne
in: FAZ vom 03.11.2001

[54] Windmöller, Rolf
Der neue Grid-Code 2000
bei: Elektrizitätswirtschaftliche Fachtagung GridCode 2000, 13. und 14. Juni 2000, Heidelberg

[55] Wirtschaftswoche
Der Strombetrug
in: WiWo Nr. 27 vom 28.06.2001

Gesetze, Vereinbarungen, Verordnungen

[56] BDI; VIK; VDEW
Verbändevereinbarung I über Kriterien zur Bestimmung von Durchleitungsentgelten
BDI, VIK, VDEW, Essen/Frankfurt/Köln 1998

[57] BDI; VIK; VDEW
Verbändevereinbarung II über Kriterien zur Bestimmung von Durchleitungsentgelten
BDI, VIK, VDEW, Essen/Frankfurt/Köln 1999

[58] BDI; VIK; VDEW; VDN; ARE; VKU
Verbändevereinbarung II plus über Kriterien zur Bestimmung von Durchleitungsentgelten
BDI, VIK, VDEW, VDN, ARE, VKU Essen/Berlin/Köln 2001

[59] EU
Europäische Union Textsammlung, Band 1
EU, Brüssel 1999

[60] Kommission der EG
Richtlinie 96/92/EWG des Europäischen Parlaments und des Rates vom 19. Dezember 1996 betreffend gemeinsame Vorschriften für den Elektrizitätsbinnenmarkt
Kommission der EG, Brüssel 1997

[61] Staaten der EG
Konsolidierte Fassung des Vertrages über die europäische Union
Staaten der EG, 01.01.1993

[62] VIK
Energierecht
Sechste, neubearbeitete und erw. Auflage
Verlag Energieberatung, Essen 1990

AUS DER REIHE | DUV Wirtschaftswissenschaft

Jens Görs, Oliver Rein und Egon Reuter
Stromwirtschaft im Wandel

2000. X, 238 Seiten, 66 Abb., 8 Tab.
Broschur € 44,50
ISBN-13: 978-3-8244-0659-3

Seit dem Beginn der Stromwirtschaft und damit der Energieversorgungsunternehmen waren deren Denken und
Handeln sowie ihre Organisation durch den regulierten
Markt bestimmt. Wettbewerb als Markt-Lenkungsinstru-
ment gab es nur in kleinen Marktsegmenten.

Mit der „Einheitlichen Europäischen Akte" von 1987, dem
EG-Binnenmarkt von 1997 und der Neuordnung des Energiewirtschaftsrechts von 1998 erfolgte der Paradigmenwechsel in die seit jeher angestrebte Liberalisierung der
Strommärkte. Die Autoren zeigen die Entwicklung und die
mögliche Zukunft der Stromwirtschaft als Gemeinschaft
der Beschaffer, Transporteure, Händler und Kunden als
gemeinsames Tun auf.

www.duv.de

Änderung vorbehalten.
Stand: August 2002.

Deutscher Universitäts-Verlag
Abraham-Lincoln-Str. 46
65189 Wiesbaden

If you have any concerns about our products,
you can contact us on
ProductSafety@springernature.com

In case Publisher is established outside the EU,
the EU authorized representative is:
Springer Nature Customer Service Center GmbH
Europaplatz 3, 69115 Heidelberg, Germany

Printed by Libri Plureos GmbH
in Hamburg, Germany